THE CHARACTERISTICS AND HIGH TEMPERATURE PERFORMANCE
OF ALLOY LAYERS DEPOSITED BY HIGH ENERGY MICRO−ARC
ALLOYING PROCESS

高能微弧合金化层特点与高温应用理论研究

郭平义　邵　勇　王宇鑫　著

江苏大学出版社
JIANGSU UNIVERSITY PRESS
镇　江

图书在版编目(CIP)数据

高能微弧合金化层特点与高温应用理论研究 / 郭平义，邵勇，王宇鑫著. — 镇江：江苏大学出版社，2019.12
ISBN 978-7-5684-1229-2

Ⅰ. ①高… Ⅱ. ①郭… ②邵… ③王… Ⅲ. ①高温抗氧化涂层－研究 Ⅳ. ①TB43

中国版本图书馆 CIP 数据核字(2019)第 274799 号

高能微弧合金化层特点与高温应用理论研究
Gaoneng Weihu Hejinhuaceng Tedian Yu Gaowen Yingyong Lilun Yanjiu

著　　者/郭平义　邵　勇　王宇鑫
责任编辑/李经晶
出版发行/江苏大学出版社
地　　址/江苏省镇江市梦溪园巷 30 号(邮编：212003)
电　　话/0511-84446464(传真)
网　　址/http://press.ujs.edu.cn
排　　版/镇江市江东印刷有限责任公司
印　　刷/句容市排印厂
开　　本/890 mm×1 240 mm　1/32
印　　张/6.125
字　　数/200 千字
版　　次/2019 年 12 月第 1 版　2019 年 12 月第 1 次印刷
书　　号/ISBN 978-7-5684-1229-2
定　　价/45.00 元

如有印装质量问题请与本社营销部联系(电话：0511-84440882)

前　言

　　作为固体氧化物燃料电池(SOFC)关键部件之一的连接体,在整个电池重量与成本控制方面起着非常重要的作用。钙钛矿结构的铬酸镧陶瓷连接体材料存在成本昂贵、脆性极高、难于加工等问题,严重阻碍了固体氧化物燃料电池的商业化运营,随着固体氧化物燃料电池工作温度的降低,金属材料开始替代陶瓷作为连接体材料。基于提高金属连接体抗氧化性能和防止 Cr 挥发的双重目的,在金属表面施加特殊的高温耐蚀导电涂层可能是一种更为简单、有效的方法。与传统的高温防护涂层不同,高温耐蚀导电涂层必须具有高电子传导率和低离子传导率,具有与相邻的燃料电池部件相近的热膨胀系数和化学相容性。

　　众所周知,涂层的制备方法明显影响涂层及涂层/金属界面微观结构,进而影响涂层的高温氧化和导电性能。高能微弧合金化技术(HEMAA)多用于制备耐磨或耐蚀涂层,是近些年发展起来制备高温耐蚀导电涂层的新方法。由于是瞬间的高温—冷却过程,对金属基体热影响区小,所获涂层具有微晶或纳米晶结构。本书采用 HEMAA 技术制备了各类尖晶石涂层及氮化物涂层,讨论其性能。尖晶石型氧化物通式为 AB_2O_4,A、B 通常为镁、铁、锰、铝、铬、钛等元素。满足 SOFC 金属连接体涂层材料的尖晶石氧化物也不多,目前有 Cu-Mn、Cu-Co、Mn-Co、Mn-Cr 和 Co-Fe 等几种类型的尖晶石。其中 Mn-Cr 和 Co-Fe 尖晶石高温电导率相比同条件下钙钛矿型(La,Sr)CrO_3 低 2 个数量级,且 Mn-Cr 尖晶石平均热膨胀系数略低于常用金属连接体。Cu-Mn 尖晶石涂层能在一定程度内限制金属/涂层界面处 Cr_2O_3 的生长，相比 Cu-Co 尖晶石涂层能更好地抑制 Cr 介质的挥发。Mn-Co 尖晶石则显示较好的应用前景，在 800℃时 Mn-Co 尖晶石的电导率是 $La(Sr)CrO_3$ 的 3 倍，氧离子传导率接近于相同条件下 $La(Sr)FeO_3$ 氧离子传导率的百分之一，在 25℃～1000℃时，与常用的金属连接体的热膨胀系数相当。

本书共六章，除第六章主要讨论高能微弧合金化技术制备 TiN 和 TiCN 涂层外，其他章节详尽讨论了高能微弧合金化技术制备 Cu-Mn 及 Mn-Co 系尖晶石涂层，并深入讨论涂层的高温耐蚀导电性能，致力于发展新的高温耐蚀导电涂层制备理论并研究其高温腐蚀机理，以推动 SOFC 金属连接体的商业应用。本书可以为科研单位同行提供数据参考，也可以让广大读者通过此书进一步了解高能微弧合金化技术及尖晶石涂层金属连接体。

本书得到了国家自然科学基金项目和江苏省优势学科建设工程项目的资助与支持。衷心感谢研究生赖永彪、张名涛、孙杭、王宁等为本书提供数据资料。本书参考了大量国内外研究者的研究成果，在此向这些作者表示衷心的感谢。同时也非常感谢江苏科技大学及中国科学院金属研究所在实验方面提供的大力支持。

著　者
2019 年 12 月

目　录

第 1 章 概述

1.1 引言

随着科学技术的发展和生产技术的进步,加工设备的运转效率、加工能力、生产效率和自动化水平日益提高,对产品服役性能的要求也越来越严格。特别是对高温部件的耐蚀性能的要求,仅靠提高基材合金的性能有时已难以满足使用要求,各种新型高温防护涂层应运而生,这些处理技术在延长材料使用寿命、节约成本等方面起到了非常重要的作用。

防护涂层保护合金免受高温腐蚀,它是依附于合金表面起作用的,因此涂层的制备必须注意以下几个方面:(1)涂层的退化,即由于涂层与基体合金在界面处发生的互扩散,涂层内抗氧化元素被较快地消耗掉;(2)涂层与基体之间的结合,涂层必须在合金表面稳定存在;(3)涂层制备的条件和难易程度。

高温防护涂层分为两种:扩散涂层和包覆涂层。常用涂层工艺主要有固体粉末渗 Al、热浸镀 Al、化学气相沉积渗 Al、热喷涂、溅射等。固体粉末渗 Al 温度一般在 850 ℃ ~ 1050 ℃,优点是设备简单、操作方便,但是保温一段时间后,合金表面的 Al 会达到饱和状态,延长时间涂层厚度不会有很大增加;而且渗剂在高温下容易被氧化,工件尺寸也受限制。热浸镀 Al 合金必须酸洗干燥,通过900 ℃ ~ 1000 ℃ 的氢气炉,然后再浸入 705 ℃ ~ 760 ℃ 的 Al 浴中,而且作为抗高温氧化涂层需要经过扩散退火,过程繁琐。化学气相沉积(CVD)也有许多优点,但其在沉积处理过程中需要高温

(1000 ℃);电子束物理气相沉积工艺过程干净,污染少,涂层附着力强而且组织致密,在不考虑成本的条件下,是一种好的涂层制备方式。

在高温合金上溅射微晶涂层,涂层具有优良的抗高温氧化性能。通过工艺参数的改进,可以减少因为涂层与基体热膨胀系数的差异,在冷却时产生的细微裂纹,而且也能提高涂层与基体的结合强度。多弧离子镀,涂层与基体结合较好,但是它与溅射一样需要保持真空,对环境条件要求高。等离子喷涂得到的涂层组织、成分均匀,气孔率可降低到 1.5% 以下。粒子加速后高速撞击基体,可提高涂层与基体的结合强度,但是涂层中存在一定的残余应力,涂层喷涂后要进行真空退火等均质化处理。随着涂层技术的发展和科技的进步,人类在不断完善传统涂层技术的同时,也在探索新的、简单的涂层制备技术,高能微弧合金化技术(high energy micro - arc alloying, HEMAA)因其独有的优势,得到了较好的发展。

1.2 高能微弧合金化技术

高能微弧合金化的特点:易于操作;携带方便;可在现场操作,不必拆卸大型机械;热输入极低,消除变形、气孔、皱缩和内应力;不需事先和事后热处理;产生扩散层,冶金结合,连接优异;沉积效率高,涂层质量好;Ar、He 等惰性气体保护时,沉积层厚而且质量好;调整输出功率及频率,能得到再现性好的涂层厚度和表面粗糙度;涂层终加工余量很小,节约时间;在磨损掉的涂层上能重复堆焊层;不污染环境,不产生有毒气体、液体或讨厌的气味与噪音。

正是由于这许多的优点,目前该工艺在模具修复、电力、石油、化工、航空航天、水利、能源、冶金等行业得到广泛的应用。

20 世纪 40 年代,苏联利用工具和工件之间的火花放电,把金属蚀除下来,称为电蚀加工。日、英、美等国随之进行大量的研究,20 世纪 50 年代,苏联利用电极和工件之间的放电进行工件表面的强化和修复,称为高能微弧强化(high energy micro - spark harden-

ing,HEMH)。

1.2.1 高能微弧火花合金化工作原理

HEMAA 的脉冲电源是一个 RC 张弛式脉冲发生器,直流电源与限流电阻 R 和储能电容器 C 组成充电回路;储能电容器 C 又与电极和工件组成放电回路。电极接正极,工件接负极。放电频率由一套晶闸管电路来控制,通过调整控制角的大小,获得不同的放电频率。

在工作时,电极高速旋转。当电极还没有接触到工件时,直流电源通过限流电阻 R 向电容 C 充电,接着电极向工件运动而无限接近工件使放电回路形成通路,在火花放电通路和电极与工件相互接触的微小区域内将瞬时地流过放电电流,电流密度达到 $10^5 \sim 10^6 A \cdot cm^{-2}$,而放电时间仅几微秒到几十微秒。由于放电能量在时间和空间上高度集中,在放电微小区域内,产生了约 5000 ~ 10000 K 的高温,使该区域的局部材料熔化甚至汽化。并且放电时产生的压力使部分材料抛离工件或电极的基体,向周围介质中溅射。此时电极与工件接触,电极和工件熔化了的材料挤压在一起。由于接触面积也明显减小,因此电能不再使接触部分发热。相反,由于空气介质和金属工件基体的冷却作用,熔融的材料被迅速冷却而凝固。接着,电极与工件分离。冷凝的材料脱离电极而粘接在工件上,成为工件表面上的沉积点。同时,因放电回路被断开,电源重新对电容器 C 充电。这就是高能微弧合金化设备的一次充放电的过程。重复这个充放电过程并移动电极,沉积点就相互重叠和融合,在工件表面形成一层沉积层。

1.2.2 高能微弧火花合金化放电过程

目前,采用微弧合金化技术制备涂层的研究大部分集中在涂层性能和质量传递行为上,然而关于其基本原理的研究却一直未能得出统一结论。

Galinov 认为 HEMAA 同传统的电弧焊在本质上是一样的,二者都采用电弧作为热源,因此他将 HEMAA 称为脉冲弧微焊接(pulsed micro – welding)。该定义不能完全说明高能微弧合金化沉积的特点,同弧焊比较,高能微弧合金化沉积过程中电极不断地接触基材并伴有旋转运动。

大部分国内研究者认为高能微弧合金化沉积为高能微弧合金化放电过程。高能微弧合金化沉积是直接利用电能的高能量密度对金属表面进行强化处理的工艺,它是通过火花放电的作用,把作为电极的导电材料熔渗进金属工件的表层,从而形成合金化的表层,使工件表面的物理、化学性能和机械性能得到改善。

另外,有学者认为高能微弧合金化沉积既包括脉冲微弧焊接,又包括高能微弧合金化放电过程。单脉冲放电过程可以分为三个阶段,如图 1-1 所示。

首先,电极移向基材并与其紧密接触,如图 1-1(a)所示;然后单脉冲放电,随之沉积点形成如图 1-1(b)和 1-1(c)所示;最后,电极和基材开始下一次脉冲放电,如图 1-1(d)所示。

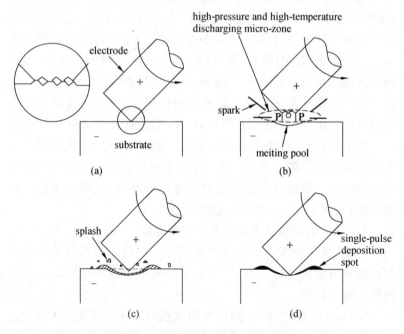

图 1-1　单脉冲沉积点的形成过程

实际上,在电极与基材的接触面上仅有少量的接触点,在这些位置产生大电流及高能量,使得金属快速熔化或气化。另外,电极与基材之间的空气由于热输入存在而被高度离子化,产生了诸多带电粒子,如自由电子、离子等,这满足了单脉冲低压放电的需求。接触区域的金属熔化后,在电极和基材间出现了狭窄间隙,并且产生了规格不统一的电场,电极作为阳极,基材作为阴极。已有研究指出此电场强度为 10^6 V/cm,远高于空气离子化所需的场强 10^3 V/cm。因此,空气间隙爆破,新的脉冲放电开始。

由于脉冲放电时间非常短(不足 100 ns),所以在电极与基材间产生了高温高压的放电微区。电极端部和基材在放电微区内熔化,分别形成熔滴和熔池。熔滴快速冲向熔池,并且随着电极移动而被加速。当熔滴快速飞向熔池时,它们浸没在熔池内,并伴有向外飞溅。与此同时,放电微区内的高压作用在熔池的熔融金属上,电极棒的旋转搅拌同样影响着熔池,促进了熔融金属从熔池中涌出和向外飞溅。这种所谓的"喷溅"效应是高能微弧合金化沉积的主要特征。在脉冲放电后,最初的放电微区温度骤降,使得喷溅的熔融金属快速固化。于是,产生了单脉冲沉积点和飞溅。

材料的电阻率、电阻温度系数、溶解热、汽化热、导热率和接触电阻为影响放电效果的主要因素。

由于合金化层是单脉冲沉积点"叠加"产生的,同时单脉冲放电持续时间短、电极与基材间的间隙极小不易测量,单脉冲放电的质量转移又很小,因此,通过直接测量的方法获得沉积参数对质量转移的影响变得非常困难。

关于沉积层的质量转移规律,当前主要有三种假设:第一种假设认为在电脉冲时,部分电极材料离开电极而同基材(亦即阴极)相"粘接"。电极材料可以以固态、液态或气态的形式转移,其中,液相物质的转移过程对质量转移起重要作用。以固态硬颗粒形式转移因撞击基材表面会导致基材被电蚀。气相物质的转移对质量转移几乎不产生影响。

第二种假设是熔滴－飞溅转移机制,这个现象同焊接过程非常相似。该转移模型必须在空气或氮存在的条件下发生。空气或氮气形成的等离子体将熔滴流推向基材,熔滴从而与基体"粘接"。以氩气作保护气体时更容易发生熔滴过渡,因为氩气具有较低的热传导性。

第三种假设认为熔滴的形成时间远远超过脉冲持续时间。

汪瑞军等对单脉冲点的质量转移做了初步研究,发现两个明显特征:其一,电极材料向基材的转移非常少,单脉冲沉积点主要包括基材成分;其二,单脉冲沉积点边缘的电极成分多于中心区域。

1.2.3　高能微弧合金化沉积的国内外研究现状

人们很早就发现电插头在接触或断开时,会产生瞬间火花,使插头的金属表面形成粗糙不平的凹坑而逐渐损坏,在当时这被认为是一种有害现象,人们不断研究其原因并设法减少和避免其发生,这实质上就是高能微弧合金化放电现象。

1943 年苏联学者拉扎连科首次将电腐蚀原理运用到制造领域,提出了高能微弧合金化表面强化理论。20 世纪 40 年代,苏联利用工具和工件间的火花放电把金属蚀除下来,被称为电蚀加工。60 年代,日、英、美等国家对高能微弧合金化表面强化工艺进行大量的研究,称之为高能微弧合金化加工,制造了一系列的高能微弧合金化设备,主要用于模具、刀具等的表面强化。进入 90 年代,日本的高能微弧合金化强化技术得到了很大发展,研制的 spark depo 设备输出功率较大,涂层厚度有所增加,获得的表面强化层较均匀。Parkansky N 将 Al 涂覆到 Ti 基体上,涂层和基体界面形成了 $Y_2Al_2O_3$,$TiAl_3$ 金属间化合物,将 Ti 的工作温度提高到了 700 ℃ ~ 1000 ℃。自此人们逐渐认识到高能微弧合金化层可保护工件,提高工件的抗高温氧化性能。

我国于 20 世纪 50 年代开始对高能微弧合金化表面强化技术进行研究,由于缺乏相关理论及应用技术等,改进的设备存在很多缺点,期间未能得到大规模推广。70 年代,由于日本等国实现了高能微弧合金化表面强化技术在模具和刀具上的应用,而重新受到国内的关注。20 世纪 80、90 年代哈尔滨工业大学、浙江大学、山东工业大学、天津机床研究所等研究部门和高等院校在机理研究和应用推广等方面做了大量的研究工作,促进了改性工艺的推广。2003 年,中国农机院表面工程技术研究所采用高能微弧合金化堆焊系统制造了可靠性高、耐微动磨损的 WC-Co 强化层,应用在飞机发动机叶片榫槽处,很大程度地提高了发动机叶片的使用寿命。

迄今,高能微弧合金化沉积技术理论体系已逐步形成并趋于完善,随各方面研究的不断深入,实践中的应用价值越来越受到人们的重视。应用领域已由最初的模具强化修复延伸到航空航天、军事、能源、冶金、医疗等领域,并发挥着举足轻重的作用。概括起来,目前的应用主要集中在以下三个方面:工件表面修复,工件表面划痕、裂缝、空洞等的修复;材料表面改性,改善工件表面的耐磨、耐腐蚀、耐高温、抗疲劳等特殊性能;同种/异种材料的表面堆焊。

金属陶瓷是由陶瓷硬质相与金属或合金粘结相组成的结构材料,其既保持了陶瓷高强度、高硬度、耐磨损、耐高温、抗氧化等特性,又具有较好的金属韧性和可塑性,因此很多学者认为利用高能微弧合金化沉积技术将金属陶瓷涂覆到金属基体,对金属的耐蚀性的提高有很大帮助。Y. J. Ren 等利用高能微弧合金化沉积技术在 304 不锈钢表面沉积 TiC 并应用于质子交换膜燃料电池双极板,研究表明改性双极板的腐蚀电位提高了约 200 mV_{SCE},腐蚀电流密度由 8.3 $\mu A \cdot cm^{-2}$ 降为 0.034 $\mu A \cdot cm^{-2}$,双极板耐蚀性能得到了显著提高。A. Agarwal 等利用高能微弧合金化沉积技术在 1018 不锈钢表面沉积了较厚的呈冶金结合的 TiB_2 涂层,复合涂层的硬度和韧性均得到了提高,且界面无裂纹出现。Wang Rui jun 等在 Ti 板上高能微弧合金化沉积了 WC_{92}-Co_8,涂层厚约 50 μm,显微硬度达 HV1129,基体中的 Ti 元素扩散进入界面及涂层中,并与涂层中的 C 元素化学反应生成 TiC,W_2C。Z. J. Feng 等利用高能微弧合金化沉积技术在 430 不锈钢基底上沉积了 $LaCrO_3$,并应用于固体氧化物燃料电池的双极板,以改善 430 不锈钢在其工作环境中抗氧化性、耐蚀性差的现状,同时避免 Cr 的挥发性及阴极中毒等。但 $LaCrO_3$ 较脆,不能很好地涂覆在不锈钢基底上,沉积 $LaCrO_3$ 前需先涂覆 Cr 涂层作为过渡层。

研究学者利用高能微弧合金化沉积技术实现了异种金属间焊接,异种金属间呈冶金结合,以期望改性后合金的综合性能得到改善。研究学者利用高能微弧合金化沉积工艺沉积了 Cr_7C_3,NiCr,FeAl,NiCoCrAlYTa 等,改性工件的硬度高、耐磨性好,在刀具、模具等方面应用前景良好。陈长军等利用高能微弧合金化沉积技术在 ZM5 上沉积 ZL301,结果显示沉积层和基材呈冶金结合,显微硬度高达 HV220,且 ZM5 镁合金的耐腐蚀性得到了显著提高。S. Frangini 等利用高能微弧合金化沉积技术于室温在 304 不锈钢基体表面制备了厚约 $10 \sim 30~\mu m$ 的致密均匀、黏附性能良好的 Cr_7C_3 涂层,改性不锈钢的耐蚀性良好。J. Liang 等利用高能微弧合金化沉积技术分别在 304、310、430 不锈钢上沉积了 Al 和 $Ni_{20}Cr$ 涂层,并于 $Na_2SO_4 + 10\%$ NaCl 蒸气中测试了涂层耐蚀性。Ping yi Guo 等用高能微弧合金化沉积技术将 FeAl 涂覆在 316 不锈钢,应用于固体氧化物燃料电池双极板并研究其高温氧化性能,结果表明由于富 Fe 的易氧化区域被富 Al 的抗氧化区域取代,FeAl 金属间化合物 800 ℃的高温氧化性能得到了明显提高。Y. J. Xie 等利用高能微弧合金化沉积技术在固态镍基高温合金表面沉积了一层 MCrAlY 涂层,MCrAlY 涂层定向凝固过程中 γ 枝晶相伴生成。

1.3 合金化层在固体氧化物燃料电池中的应用

现在世界能源的发展由新型且可持续的燃料的研究所主导。人们对新燃料的运用技术进行了大量研究,目的是找到可替代大型化石燃料发电系统的新能源,减少 CO_2,SO_2,NO_2 等有害气体的大量排放,并尽可能地提高可再生新能源的运用,这对于平衡太阳能和风能系统的布局变得越来越重要。事实上,伴随着环境问题的不断增加,能源的普及率正面临着可再生能源与大型化石燃料发电厂平衡发展的问题。大型化石燃料发电厂需要数小时才能改变电力输出,因此,分布式发电系统要求具有小型、灵活和高效等特点。在这种情况下,正在研究的使用非传统的固体氧化物燃料电池(SOFC)可以作为解决此问题的潜在方案。

SOFC 的特点是其燃料无须完全是纯氢,可采用其他可燃的碳氢气体。与传统电池相比,SOFC 有着明显的优势,例如能量转化率高,燃料具可再生性,不必使用贵金属作催化剂以及近乎零污染的尾气排放等,这让其在移动电源领域具有较大发展潜力。

SOFC 的电解质材料与传统电池的有所不同,该电池的电解质由固态的陶瓷组成,除此之外,电池的阴阳极和连接体也同样全由固态材料组成。这是 SOFC 与传统电池较大不同之处。

SOFC 的电解质主要是掺杂 CeO_2 基材料、掺杂 $LaGaO_3$ 基材料、Y_2O_3 稳定 ZrO_2 电解质(YSZ)材料。阳极材料主要为金属-陶瓷复合阳极材料(Ni-YSZ),萤石结构的 ZrO_2-Y_2O_3-TiO 固溶体,该材料与电解质有很好的相容性,在电极/气体界面处,氧离子和电子混合电导有效降低了电极的极化损失。阴极材料包括 Sr 掺杂的 $LaMnO_3$(LSM)和比 LSM 有着更高的电子电导率,以及离子电导率的 Sr 掺杂的 $LaCoO_3$。电极材料主要是氧化铱和氧化锆两者的复合材料(YSZ),电极材料在固体氧化物燃料电池中起着运输氧离子的作用。

1.3.1　固体氧化物燃料电池金属连接体

单个固体氧化物燃料电池在电压和功率方面都较低,完全无法满足生活中的用电需求,这就要求将每个电池单体堆叠起来形成电池堆,以获得高的电压和功率,这就使得电池单体中的连接体材料尤为重要。连接体材料可以起着桥梁的作用,把每个电池单体连接起来,同时将燃气与氧气进行隔绝,起到保护电池的作用。但由于连接体的位置处于燃气和氧气之间,极大的氧分压差所产生的化学势梯度严重限制了连接体材料的选择,因此在选择连接材料时要求十分严格。

传统的 SOFC 的工作温度超过 1000℃,要求连接体材料具有很高的高温抗氧化性能,同时在氧化或还原气中保持着良好的稳定性,导致连接体的选择较为局限,因此经常选择导电陶瓷(钙钛矿)作为连接体材料。由于导电陶瓷材料的成本较高,固体氧化物燃料电池的商业化运用受到了一定的限制。近年来,随着对固体氧化物燃料电池的深入探究和不断改进,在降低电解质厚度而不损害其扩散屏障的有效性的情况下,使 SOFC 的工作温度可以在 600 ℃ ~800 ℃范围内运行,这就为选择其他金属材料作为连接体材料提供了可能。与较高温度(1000℃)所需的导电陶瓷连接材料相比,金属连接材料有着导热与导电性高、成本低、易加工等优点。这就使得金属材料成为连接体材料最具前途的候选者之一。

金属连接体可以分为 Cr,Ni,Fe 基合金。Cr 的热膨胀系数(CTE)与电池内部组件匹配,但该合金成本较高,同时在高温下,基体中的 Cr 易挥发到三相边界处沉积而导致电池的性能严重下降,此现象被称为"阴极中毒"现象。Ni 基合金具有优异的力学性能,易加工,抗氧化能力较强,但存在成本较高且 CTE 与电池内部组件不匹配等缺点。Fe 基合金相对于前两种合金有着更高的延展性、更好的可加工性、热膨胀系数匹配以及成本低等优点,唯一不足的就是在高温环境下抗氧化能力不足,这就使得该合金在中温(600 ℃ ~800 ℃)氧化时所产生的 Cr 的氧化物或氢氧化物会外扩散而导致"阴极中毒"现象。综合比较这三种合金的优劣势,铁素体类不锈钢更适合作为固体氧化物燃料电池的连接体材料。

由于 SOFC 的工作温度在 600 ℃ ~800 ℃,金属连接体处于双重潮湿气氛(燃料和氧气)之中,连接体材料在此气氛中会发生复杂多样的化学反应。双重潮湿气氛会加快不锈钢基体氧化而产生不同的氧化产物。除此之外,铁素体不锈钢在此工作环境下的抗氧化能力不足而导致 Cr 氧化所产生的 CrO_3 或 $CrO_2(OH)_2$ 外扩散从而使电池性能降低。因此该难题引发了研究者们的兴趣,试图通过找到可行且实际的方法来解决此难题。通过研究者们的不断探究,目前解决该难题主要有以下两种方式:(1) 通过优化合金的组成成分来达到高温抗氧化性能,如 Crofer22 APU 和 ZMG232 等合金;(2)在金属连接体表面沉积一层高温耐蚀涂层,该涂层导电性能优异,与燃料电池内部相邻部件的热膨胀系数相匹配,且能有效抑制 Cr 元素向外扩散。

1.3.2 金属连接体表面防护涂层

与传统的高温防护不同,低离子传导率和高电子电导率是高温耐蚀导电涂层必有的特性,除此之外,还要求热膨胀系数与电池内部组件要相匹配以及自身有着良好的化学相容性,因此可以用于铁素体不锈钢连接体的高温耐蚀导电涂层并不多。目前研究得较多的金属连接体表面防护涂层大致可以分为以下四大类:MAl-CrYO 涂层;活性元素氧化物(REO)涂层;稀土钙钛矿型涂层;尖晶石涂层。MAlCrYO 涂层(M 代指钴、锰、钛金属)能提高金属连接体的高温抗氧化性,且能有效地抑制 Fe 合金中 Cr 元素的外扩散,但涂层制备的工艺较为复杂且成本较高,不利于投入大面积运用。与之相比,部分不含 Cr 的尖晶石涂层如 Cu-Mn、Mn-Co 等尖晶石涂层,因其综合性能优异而备受研究者的关注,如 $(Mn, Co)_3O_4$,$(Cu, Mn)_3O_4$ 等尖晶石具有高的电导率和与电池内部组件相接近的热膨胀系数,且能降低不锈钢基体表面富 Cr 氧化物的生长。

钙钛矿型氧化物涂层是迄今为止研究最为成熟的高温耐蚀导电涂层。稀土钙钛矿氧化物有着与金属基体相匹配的 CTE 和良好的电导率,其分子式一般为 ABO_3,其中 A 为稀土阳离子(如 Y,Ce),B 为过渡金属(如 Cu,Mn)。钙钛矿型氧化物涂层中的稀土元素的活性效应能提高涂层的高温抗氧化能力。钙钛矿型氧化物常用作连接体涂层的是掺杂 $LaFeO_3$,$LaCrO_3$,$LaCoO_3$ 等。目前,该类氧化物涂层的制备方法主要有脉冲激光沉积、溶胶凝胶、磁控溅射。近年来,许多研究集中在双层涂层上,该涂层包含金属基底上的尖晶石氧化物层和尖晶石氧化物上的钙钛矿氧化物层。双层 $LaCoO_3/Co_3O_4$ 涂层有效地缓解了 Crofer 连接体的电性能下降。双层钙钛矿/尖晶石涂层以如下方式降低不锈钢的降解:(1)尖晶石氧化物层能抑制氧阴离子向金属基材的扩散,使具有较差导电性的 Cr 氧化物的生长受抑制;(2)钙钛矿层作为另一个屏障来抑制

Cr(固态和/或气相)和氧气的扩散。另外,高导电钙钛矿氧化物层在促进阴极和保护涂层之间的电子传导方面起到了有益的作用。Nima 等研究了复合 $Co/LaCrO_3$ 涂层,结果表明 $LaCrO_3$ 颗粒的添加不仅提高了涂层的抗氧化性,而且还消除了涂层的剥落现象。但在金属/氧化层界面形成的二氧化硅氧化物会导致 $Co/LaCrO_3$ 涂层试样中有孔洞形成。虽然 Cr 的气态介质从 $LaCrO_3$ 表面挥发速率比从 Cr_2O_3 表面挥发的速率低 3 个数量级,但这种程度的 Cr 挥发速率仍然对电池的性能衰减有着致命的影响,从而极大地缩短了整个电池堆的使用寿命。

活性元素氧化物涂层是在能生成 Al_2O_3 和 Cr_2O_3 的氧化膜的合金中掺杂少量的活性元素(Dy,Ce,La 等)或其氧化物。加入有活性元素的合金的高温抗氧化性会有较大的提高,其原因主要有以下几个方面:(1)氧化膜的生成速率会减小;(2)选择性氧化增强;(3)提高了合金基材与氧化膜的黏附力。由于活性元素与合金中的 S 结合生成难熔的硫化物,从而抑制了合金中杂质的迁移以及界面分离现象。使用最早的活性元素是 Y,Yurek 等在高温下探究了活性元素的偏析,结果表明 Y 易在金属/氧化层界面或氧化膜晶界处偏析。Guo 等对活性元素效应进行了大量的研究,不同的活性元素会产生不同的影响,如 Y,Dy,La 加入合金中会使合金与氧化层的黏附力加强,能有效抑制孔洞的生成;Hf,Zr 加入合金中可以使氧化膜的生成速率减小以及使合金在氧化过程中所形成的氧化膜表面褶皱水平。Zhao 等的研究结果表明,将 Y 加入经过过渡金属 Co 改性后的铝化物涂层之中,能促使 Co 在涂层中扩散而提高涂层的抗高温氧化性能。Wang 等的研究表明,在通过激光熔覆制备的镍合金涂层之中加入有活性元素氧化物颗粒(CeO_2)后,涂层的抗高温氧化能力有了大幅的提升,其原因是 CeO_2 加入后涂层中的晶粒细化导致涂层中夹杂物的形成减少。近几年,活性元素共掺杂受到了研究者们的关注,Lan 等的研究结果表明,活性元素 Pt-Dy 加入 CoNi 基合金中会使其抗高温氧化性能有所提高,除此之外,He 等发现 Si/Cr 共掺杂的 NiAlDy 合金与 Cr 单一改性的

NiAlDy 合金相比拥有更好的高温抗氧化性能。虽然活性元素氧化物涂层能显著提高高温抗氧化性能，制备工艺相对简单，但该涂层不能有效地抑制 Fe 合金中 Cr 元素的外扩散，达不到理想连接体防护涂层的要求。

尖晶石涂层是目前研究最为广泛的新型高温耐蚀导电涂层，其通式为 AB_2O_4，其中 A，B 分别为锰、铝、铬、钴、钛等金属元素。研究表明涂层有着优异的电导率和与 SOFC 内部组件相匹配的热膨胀系数。Zhu 等通过酸性氯化物溶液电镀将一系列 Co-Fe 合金共沉积到 Crofer 22 APU 铁素体钢上，结果表明 $CoFe_2O_4$ 在 800 ℃空气中的电导率为 0.85 $S \cdot cm^{-1}$，在 25℃ ~800℃ 的平均热膨胀系数（CTE）为 $11.80 \times 10^{-6} K^{-1}$，密集的 $CoFe_2O_4$ 尖晶石层的存在有效地阻止了 Cr 的迁移。$CuCo_2O_4$ 尖晶石的电导率在 500℃ ~800℃范围内为 15.2 ~27.5 $S \cdot cm^{-1}$，CTE 为 $11.49 \times 10^{-6} K^{-1}$，与铁素体不锈钢的 CTE 相接近。$(Mn, Co)_3O_4$ 尖晶石是最有前景的材料之一，具有良好的电导性。$Mn_{1.5}Co_{1.5}O_4$ 尖晶石具有高导电性（115 $S \cdot cm^{-1}$），与不锈钢基体有良好的 CTE 匹配性（$11.7 \times 10^{-6} K^{-1}$）以及优异的 Cr 保留能力。采用磁控溅射制备的 $Mn\text{-}Co_2O_4$ 保护涂层不仅能作为 Cr 向外传输的屏障，而且提高了合金长期氧化后的导电性，在 750 ℃ 下氧化 1000 h 后，涂层的 ASR 约为 5 $m\Omega \cdot cm^2$，约为 Fe-21Cr 合金基材 ASR 的 1/4。

近年来，为了进一步提高锰钴尖晶石涂层的综合性能，如稳定性、导电性，以及降低其烧结温度等，选择运用一些过渡金属选择性地掺杂锰钴尖晶石涂层成为可能，因此受到了研究者的热切关注。Brylewski 发现采用 EDTA 凝胶法在 DIN 50049 铁素体钢表面沉积的 $Cu_{0.3}Mn_{1.1}Co_{1.6}O_4$ 尖晶石涂层在 800 ℃ 下的电导率为 162 $S \cdot cm^{-1}$，而 $Mn_{1.25}Co_{1.75}O_4$ 的电导率为 84 $S \cdot cm^{-1}$，$Cu_{0.3}Mn_{1.1}Co_{1.6}O_4$ 涂层有效地阻止了 Cr 向外扩散。通过粉末还原技术在 Crofer 22 APU 基底上制备出 $Mn_{1.4}Co_{1.4}Cu_{0.2}O_4$ 尖晶石涂层，在 800 ℃时其 ASR 值为 3.8 $m\Omega \cdot cm^2$，表现出优异的抗氧化性能和长期稳定性。Masi 等研究表明不同的 Mn：Co 比例并没有导致烧结行为存在显著差异,而添加铜在降低烧结温度和获得高密度方面非常有效。在 Mn-Co 和 Cu-Mn-Co 样品相比较中,Cu-Mn-Co 有着更高的 CTE 值,除此之外其电导率也高于 Mn-Co 试样,约为 135 S·cm^{-1}。分别掺杂有 Cu 和 Ni 的 Mn$_{1.5}$Co$_{1.5}$O$_4$(MCO)尖晶石氧化物被合成并且用作 Crofer 22 APU 上的保护涂层,结果表明 Cu 和 Ni 掺杂的 MCO 表现出高导电性和与 Crofer 连接体热膨胀兼容性,以及对该尖晶石的烧结行为有所改善。Mn$_{1.33}$Co$_{1.17}$Cu$_{0.5}$O$_4$,Mn$_{1.57}$Co$_{0.93}$Cu$_{0.5}$O$_4$ 在 800 ℃ 的电导率分别为 125 S·cm^{-1},104 S·cm^{-1},远高于(Mn,Co)$_3$O$_4$ 尖晶石氧化物的电导率。因此通过掺杂有过渡金属的 Mn-Co 尖晶石是作为金属连接体防护涂层的候选者之一。

随着对连接体保护涂层的不断探究,Cu-Mn 尖晶石近年来也引发了研究者们的浓厚兴趣。通过用 Cu 替代(Co,Mn)$_3$O$_4$ 中的所有 Co,可以生产无钴(Cu,Mn)$_3$O$_4$ 尖晶石氧化物,这种材料在处于中性和碱性条件下的室温环境中表现出良好的电催化活性,且这种类型的尖晶石的热膨胀系数与 SOFC 的内部组件匹配良好。Cu-Mn 尖晶石涂层比 Co-Mn 尖晶石更能有效地抑制金属/尖晶石涂层界面处 Cr$_2$O$_3$ 的生长,阻止 Cr 介质的挥发,虽然 Cu 离子在高温下具有高的迁移率,但在氧化过程中生成的 Cu-Mn 尖晶石可以很好地抑制 Cu 离子扩散。X 通过电泳沉积(EPD)将 CuMn$_{1.8}$O$_4$ 尖晶石涂层沉积在 Crofer 22 表面上,Cr 的扩散是被限制在 CuMn$_{1.8}$O$_4$ 尖晶石涂层致密的内层中。Cu$_{1.4}$Mn$_{1.6}$O$_4$(CMO)尖晶石氧化物呈现出良好的电催化活性和与 ScSZ 电解质的化学相容性,在 800 ℃时的电导率为 78 S·cm^{-1}。Hosseini 等将涂覆在 AISI 430 上的 Cu$_{1.3}$Mn$_{1.7}$O$_4$ 在氧化 500 h 后表现出的 ASR 为 19.3 mΩ·cm^2,比未涂覆样品的 ASR 值减少了约 70%,Cu$_{1.3}$Mn$_{1.7}$O$_4$ 尖晶石区域的存在显著地阻止了氧扩散并降低了氧化物的生长速率,成功地阻碍了 Cr 的外扩散。因此 Mn,Cu,Co 二元或三元尖晶石具有更好的应用前景,成为 SOFC 金属连接体高温耐蚀涂层有力的竞争者。

1.3.3 合金涂层的氧化

金属连接体的氧化行为由合金的组成成分、环境的气氛、压力

和温度共同决定。通过热力学第二定律可知,发生自发反应时,其吉布斯自由能小于零。反应通式如下:

$$aA + bB = cC + dD \tag{1-1}$$

自由能公式:

$$\Delta G = \Delta G^0 + RT\ln\left[\frac{\alpha_C^c \alpha_D^d}{\alpha_A^a \alpha_B^b}\right] \tag{1-2}$$

式中,ΔG 为环境下的吉布斯自由能,ΔG^0 为标准吉布斯自由能,α 为热力学活度,T 为温度,R 为高斯常数。固体物质的热力学活度为 1,因此式(1-2)可以简化为:

$$\Delta G = \Delta G^0 + RT\ln\left(\frac{P_{O_2}^0}{P_{O_2}}\right) \tag{1-3}$$

由公式(1-3)可知,氧化物的生成由标准吉布斯自由能、压力和温度共同决定[59]。

当合金氧化物形成一层氧化膜时,金属离子会以氧化物的方式向气体界面迁移,而外部的氧离子会向金属界面迁移。当生成的氧化膜增厚时,氧化动力学驱动的扩散过程就会变得很慢。

$$M + O \geqslant MO \tag{1-4}$$

合金的氧化速率遵循以下抛物线公式:

$$(\Delta m)^2 = kt + C_1 \tag{1-5}$$

式中,Δm 为质量增重,t 为氧化时间,k 为速率常数,C_1 为常数。

式(1-5)中,k 取决于涂层的质量,C_1 值取决于在涂层氧化前就存在的氧化层。此公式由 Wagner 提出。

当氧化层外层中的氧分子通过得到电子而形成氧的阴离子时,会有一部分氧的阴离子借由氧化物膜中的离子通道向氧化膜/合金界面不断扩散,此时扩散到合金界面的氧阴离子与合金中所产生的阳离子结合生成金属氧化物膜。与此同时,合金中所产生的金属阳离子也会借由氧化膜中的离子通道向氧化膜/气体界面扩散,并与界面处的氧阴离子结合形成金属氧化物膜。这就表明在高温氧化时,金属基体中 Cr 的阳离子会借由氧化膜中的离子通道向外扩散至气体界面而形成 Cr 的氧化物。

1.3.4 尖晶石涂层的制备方法

涂层的制备方法对涂层及涂层/金属界面微观结构有着显著的影响,进而影响涂层的高温抗氧化和导电性能。尖晶石涂层的常用制备方法主要有以下几种:溶胶－凝胶法、磁控溅射、电沉积、料浆法、等离子喷涂、丝网印刷等。

Hua 等首先采用 $Co(NO_3)_2 \cdot 6H_2O$ 和 $Ni(NO_3)_2 \cdot 6H_2O$ 配制 $NiCo_2O_4$ 涂层的溶胶－凝胶溶液,通过浸涂的方式将溶液施加到准备的基体表面上,干燥后,在 750 ℃的 5% H_2 +95% N_2 还原气氛中热处理 2.5 h,然后在相同温度下再氧化 2 h 后得到较为致密的 $NiCo_2O_4$ 尖晶石涂层,该涂层具有较强抗氧化能力,且 ASR 值较小。Dayaghi 等用 $MnCl_2 \cdot 4H_2O$ 和 $CoCl_2 \cdot 6H_2O$ 制备 Mn∶Co 浓度比为 33∶66(at.%)的溶胶－凝胶溶液,通过浸涂的方式将溶液施加到 AISI－SAE 430 不锈钢上,经干燥后在 750 ℃还原气氛(Ar +10% H_2)预热 2 h 后再在相同温度下氧化 2 h,所得的尖晶石涂层与基材结合良好,无裂纹存在,并且表现出较低的 ASR 值。Geng 等采用磁控溅射法在铁素体不锈钢上沉积纯 Ni 涂层,经 800 ℃氧化 500 h 后得到内层为 Cr_2O_3、外层为含有少量 NiO 的(Ni, Fe, Cr)$_3O_4$ 尖晶石层。结果表明,双氧化层的 ASR 值低于在裸钢氧化后的 ASR 值,能较好地抑制 Cr 的外扩散。Zhang 等通过使用不同的靶材并运用控制磁控溅射技术沉积 Mn-Co 金属膜涂层 (Mn20Co80,Mn40Co60(at.%)),沉积的涂层显示出精细的结构,随着退火时间的增加开始变粗糙,最后得到尖晶石氧化物涂层。Harthøj 通过采用电镀方法制备了 Co/CeO_2 复合涂层,复合涂层与 Crofer 22 APU 黏附力良好,在 800 ℃下氧化 3000 h 后涂层氧化层的内层为富 Cr 层,而外层为富 Co 的尖晶石层,整个涂层氧化层中微孔缺陷较少,但存在少量剥落现象,总体而言氧化层较致密,能极大地限制 Cr 的外扩散。Xu 等先通过 $Co(NO_3)_3 \cdot 6H_2O$, $Cu(NO_3)_2 \cdot 3H_2O$,$Mn(NO_3)_3 \cdot 4H_2O$ 溶液制备凝胶溶液,经干燥、煅烧、研磨后得到 $Cu_{0.3}Mn_{1.35}Co_{1.35}O_4$ 尖晶石粉末,再将尖晶石粉末以浸涂的方式沉积在 Crofer 22 APU 基体上,在 950 ℃的高温下热处理 3 h,然后再在 800 ℃热处理 1 h,最终得到 $Cu_{0.3}Mn_{1.35}Co_{1.35}O_4$ 涂层,该涂层的 ASR 值为 16 $m\Omega \cdot cm^2$,能起到阻碍 Cr 外扩散的作用。Varga 等先采用等离子喷涂技术制备 $MnCo_2O_4$ 层(内层),再采用湿法粉末喷涂来制备多孔 Mn-Co 尖晶石层(外层)。通过这种方法制备的涂层与 F17TNb 基体的黏附性好,涂层不易剥离。其结果表明,该涂层有较低的 ASR 值(小于 5 $m\Omega \cdot cm^2$),能有效地起到抑制 Cr 外扩散的作用。

采用电沉积或溅射制备尖晶石涂层,金属的体积分数仍然处于较高的水平,很难获得以尖晶石氧化物为主体的涂层,需再氧化处理得到尖晶石氧化物涂层,因此涂层性能受到影响。除此之外,溅射涂层的制备过程还受制于工件表面形状,如连接体凹槽状结构,这种方法也存在成本高、不易获得较厚涂层等缺点。等离子喷涂适合于制备成分复杂和大厚度的涂层,但也存在涂层致密性不好、空隙率高、裂纹多和内应力大、经受热循环时易剥落以及成本较高等缺点。溶胶凝胶法和料浆法经济实用,但是涂层致密性、涂层/金属界面结合、涂层厚度与开裂等问题难以解决。

高能量微弧合金化工艺是生产无针孔涂层的一种简单而经济的技术。它可以被定义为一种脉冲式微焊接技术,可以在短时间内通过高电流/低电压将电极材料沉积在金属基底上。例如:采用高能微弧合金技术在 AZ31 镁合金上制备 Al-Y 涂层,所制备的合金厚度约为 25 ~ 35 μm,涂层与基材结合致密,合金化层的组织由电极材料的枝晶形态变为网状,涂层长时间浸泡在质量分数为 3.5% NaCl 溶液中,展现出了较好的耐蚀性能。采用高能微弧火花工艺制备了 TA2 本体修复性涂层,结果表明 TA2 的本体修复涂层的显微硬度明显提高,涂层的显微硬度约为基体的 1.6 倍,涂层的耐磨性也稍好于基体,磨损量约为基体的 2/3。采用高能微弧合金工艺在 K3 高温合金上制备了 $Ni_3Al(Cr)$ 涂层,涂层在 900 ℃空气中氧化 400 h 后,生成的 Al_2O_3 氧化膜连续致密,黏附性良好。通过高能焊补和微弧火花沉积技术在 316 不锈钢表面制备 Setllite 合金涂层,结果表明 Setllite 沉积层与基体之间形成了良好的冶金结合,沉积层平均显微硬度明显优于 316 不锈钢,大约提高了 2 倍以上,Setllite 涂层的空蚀性能也明显优于基体,相同时间下失重量仅为基体的 1/5。在 ZM5 上进行了 S331 铝合金沉积实验,通过该方法沉积的合金致密均匀且合金化层的显微硬度(HV)从基材的 85提高到 250。对合金化层的阳极动电位计划测试结果表明,合金化层的组织得到了细化,其 Al,Mn 的元素含量高于基材中的含量,合金化层的自腐蚀电位和腐蚀电流密度均得到显著降低,合金化层的耐蚀性能得到提高。

使用高能微弧合金工艺制备的涂层多为微晶或纳米晶结构,所得涂层均匀且致密,加上适量稀土元素的加入,发挥其活性元素效应并结合铬的氧化物,都利于改善涂层/金属界面结合,提高涂层的耐蚀性能。所以本书选择采用 HEMAA 工艺来制备合金涂层揭示连续单相尖晶石层的生长规律,以及导电氧化物涂层的微观结构及其抗高温腐蚀机制,发展金属连接体用致密、低离子传导率的高温耐蚀导电涂层,推动金属连接体乃至固体氧化燃料电池的商业化应用。

1.4 合金化层在熔融碳酸盐燃料电池中的应用

熔融碳酸盐燃料电池(MCFC)以发电效率高、余热利用价值高、电催化无须使用贵金属及环境友好等特点而受到世界各国的重视。MCFC 电解质是熔融碳酸盐,一般采用共晶(0.62Li, 0.38K$)_2$CO$_3$(熔点 490 ℃),氧化剂为氧气或空气与 CO$_2$ 的混合气,而燃料气为氢气、煤气或天然气。由于电池工作温度高,熔融碳酸盐腐蚀性较强,由此产生了阴极溶解、阳极蠕变及腐蚀、电解质板烧结、双极板腐蚀、电解质流失等问题。这些严重制约着MCFC 的寿命及其商业化,而产生这一系列问题的关键在于熔融碳酸盐引起的材料腐蚀问题。目前,MCFC 双极板常采用 Fe 基合金,但它面临严重的腐蚀问题,特别是在湿封区。

曾潮流等用热重实验和电化学阻抗的方法研究了 Fe-Cr 合金

在熔融碳酸盐中的腐蚀行为,发现少量 Cr 的加入无助于提高 Fe 的耐蚀性能,而 Fe-20Cr 和 Fe-25Cr 合金的耐腐蚀性能明显优于纯 Fe 则是由于合金表面形成了富 Cr 的氧化层。含 Al 的 Fe 基合金和 Ni 基合金在熔融碳酸盐中具有良好的抗高温腐蚀性能,引起了人们的广泛关注。F. J. Perez 等用料浆法和离子气相沉积法在 AISI-310S 不锈钢和 TA6V 钛合金表面制备 Al 涂层。结果表明,TA6V 钛合金表面 Al 涂层具有抗熔融碳酸盐腐蚀性能。Jae Ho Jun 等用高能微弧合金化法在 316L 不锈钢上制备了 Fe－23.9Al 涂层,并在 1000 ℃ 热处理 5 h,发现涂层中的 Al 含量高于 25at.％ 时具有良好的抗腐蚀性。Moon 等在 316L 不锈钢上镀 Ni,Al 后,经过不同温度热处理得到 NiAl 和 Ni_2Al_3,两者均明显地提高了不锈钢在阴极、阳极环境下的抗腐蚀性能。Goran 等研究了几种高铝钢在熔融碳酸盐中阳极气氛下的腐蚀行为,认为铝的添加促使表面生成了氧化铝或锂铝的复合氧化物,从而提高了材料的耐蚀性能。在熔融碳酸盐燃料电池阴极气氛下,金属材料在电解质中的腐蚀示意图如图 1-2 所示。

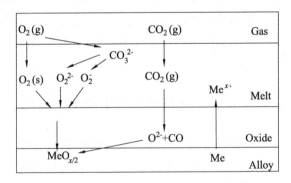

图 1-2　合金在阴极气氛下熔融碳酸盐中的腐蚀示意图

O_2 会与碳酸盐发生如下反应:

$$2CO_3^{2-} = 2O^{2-} + 2CO_2 \qquad (1-6)$$

$$O_2 + 2CO_3^{2-} = 2O_2^{2-} + 2CO_2 \qquad (1-7)$$

$$O_2^- + e^- = O_2^{2-} \qquad (1-8)$$

$$O_2^{2-} + e^- = 2O^{2-} \qquad (1\text{-}9)$$

在合金表面会发生如下反应:

$$Al = Al^{3+} + 3e^- \qquad (1\text{-}10)$$

$$Fe = Fe^{3+} + 3e^- \text{ 或 } Fe = Fe^{2+} + 2e^- \qquad (1\text{-}11)$$

$$O_2^{2-} + 2e^- = 2O^{2-} \qquad (1\text{-}12)$$

形成的金属氧化物 Fe_2O_3,Al_2O_3 会进一步与熔盐中的 Li^+ 反应生成 $LiAlO_2$,$LiFeO_2$,这是由于在阴极环境中,Li_2O 活度远大于 K_2O。

$$M_2O_3 + 2Li^+ + O^{2-} = 2LiMO_2 \qquad (1\text{-}13)$$

Youngjoon Moon 等在 316L 不锈钢上电镀 Ni,Al 涂层,作为 MCFC 双极板,热处理 1 h 后表面分别形成了 Ni_2Al_3 和 NiAl 金属间化合物。Ni_2Al_3 和 NiAl 的表面层对基体保持较好的黏附性,在熔盐中的抗腐蚀性能均优于 316L 不锈钢,且 NiAl 金属间化合物腐蚀率略低于 Ni_2Al_3。S. Frangini 应用高能微弧合金化方法直接在不锈钢表面沉积 FeAl 涂层,该涂层的耐蚀性能与渗 Al 涂层相当,且涂层制备工艺简单、成本低。F. J. Perez 等通过离子气相沉积法在 316L 不锈钢上制备 Al 涂层,该涂层在 650 ℃熔盐中腐蚀 1000 h 之后,形成了 $LiAlO_2$,$LiFeO_2$,$LiCrO_2$,显著改善了不锈钢的抗腐蚀性能。

1.5　合金化层在质子交换膜燃料电池中的应用

质子交换膜燃料电池又称聚合物电解质燃料电池,是将燃料和氧化剂中的化学能直接转化为电能的发电装置,具有两大优势:能量转化率高(理论上 90% 可转化为可用电和热);污染小(气体污染物是环境标准的 10%,无噪声及水污染)。

结构主要包括:质子交换膜、电催化剂、双极板、燃料气及氧化剂。PEMFC 的电解质采用全氟磺酸型固体聚合物,催化剂选用铂/碳或铂 - 钌/碳,燃料气为氢或净化重整气,氧化剂为空气或纯氧,双极板通常选用带有气体流道的石墨、表面改性金属板或复合板。

PEMFC 的工作原理是,通入的加湿燃料气 H_2 和氧化剂 O_2 分别通过气体扩散层到达电催化层,在铂催化剂作用下发生解离吸附,电极反应如下。

$$阳极反应:H_2 = 2H^+ + 2e^- \tag{1-14}$$

产生的 H^+ 通过质子交换膜到达阴极,电子 e^- 则通过外电路到达阴极,与阴极的 O_2 在铂催化剂作用下发生如下反应。

$$阴极反应:\frac{1}{2}O_2 + 2H^+ + 2e^- = H_2O \tag{1-15}$$

$$电池总反应为:H_2 + \frac{1}{2}O_2 = H_2O \tag{1-16}$$

电池总反应最终产物为水,通过排水系统排出,过程中不生成污染气体或污水,不会对环境造成压力。

1.5.1　双极板的作用

双板板是质子交换膜燃料电池的重要功能组件,占质子交换膜燃料电池总重量的80%,电池成本的45%。双极板也称集流板,是将 PEMFC 单电池串联组成电池堆的主要部件,起分隔氧化剂和还原剂、收集电流、连接单电池、导热、排水、支撑膜电极等作用。从双极板具有的功能及商业化应用角度考虑,双极板材料应具有以下特点:

（1）高导电率:将单电池串联组成电池堆,实现电池之间的连接。

（2）阻气性能好:分隔燃料气和氧化剂,不能使用多孔透气材料。

（3）好的导热性能:确保温度均匀分布、及时排热。

（4）耐蚀性好:燃料电池工作环境下会产生 Cl^-,SO_4^{2-},F^- 离子等,腐蚀双极板材料。

（5）良好的机械性能及加工性能:利于双极板流道场的加工成型。

（6）低成本:降低燃料电池的成本。

单个燃料电池电压很低,电流通过时的电压大约只有 0.7 V,远远达不到实际应用的要求。若要提供可用电压,就要将电池串联起来组成电池堆,以提高质子交换膜燃料电池的输出电压,双极板就起到了将电池串联起来形成电池堆的作用。

1.5.2　质子交换膜燃料电池双极板特点

国内外对质子交换膜燃料电池双极板的研究主要集中在以下三个方面:石墨、金属、复合材料,但石墨双极板存在机械加工成本高、机械强度差、厚度难以减薄等弊端,目前研究热点主要为改性金属和复合材料基板。

由于石墨质量轻、热膨胀系数低、耐腐蚀性能好、热导性好、导电性较强等优点,成为较早开发和使用的双极板材料。但石墨较脆,难以加工成流道场的同时限制了石墨板厚度的降低,且制造过程中产生的气孔会使燃料与氧化剂相互渗透,因此还需必要的后续处理。传统的双极板材料主要采用无孔石墨双极板或碳板,主要是由碳粉或石墨粉与可石墨化的树脂经石墨化制成薄板,再经机械加工得到气体流道。然而无孔石墨双极板的石墨化过程需严格按程序升温进行,加工周期长且机械加工成流场困难,导致无孔石墨双极板价格昂贵,限制了其的商业应用。

柔性石墨具有性能稳定、价格低、导电性好、耐腐蚀、易加工等优点,压缩石墨可减小片层间距,界面电阻随之减小。衣宝廉用石墨蠕虫压制出了不同密度的柔性石墨板,研究表明比电阻率随柔性石墨密度的增大而减小,是制备石墨双极板的有效方法。

金属具有良好的导电及导热性能,拥有韧性好、强度高、机械加工性能好、成本低等优点,可制作成很薄的 PEMFC 双极板。目前,世界各国双极板原料主要采用铝板、铝合金板及不锈钢等。但由于 PEMFC 的工作环境呈酸性,磺化过程中过量的硫酸也可能渗出膜电极,造成双极板腐蚀,腐蚀产物不仅会污染催化剂和膜电极,更增大了接触电阻。采用耐蚀金属或合金(如钛、不锈钢等),虽能不同程度地改善金属的腐蚀,但其表面生成绝缘钝化层使双极板的接触电阻增大。Paoia C 研究指出:镀金的钛板和铌板是较早使用的金属双极板,随着科学技术的发展及商业化的要求,薄层金属板的研究受到越来越多的关注,金属板的改性及制备方法都趋于多样化。

在各类金属材料中,铁基金属板的耐蚀性好、导电导热性好、机械加工性能好、价格低廉等,因此是研究相对较多的一类双极板材料。目前金属双极板多集中在以不锈钢为基底材料的表面镀膜改性,如金属氮化物、金属碳化物、导电高分子涂层等方面。

Davies 等指出不锈钢表面的氧化膜会影响接触电阻及电池性能,而氧化膜的厚薄与镍、铬含量有关,随镍、铬含量的增加不锈钢表面氧化膜变薄,且电池性能按 316 < 310 < 904L 顺序增加,接触电阻则顺序递减。Kim 等对 11 种不锈钢进行了研究,认为不仅铬含量对不锈钢过钝化行为有影响,钼的作用也同铬相似,且点蚀当量值越高耐蚀性越好。Wang 等发现 Cr 含量的增加能提高不锈钢耐蚀性能,但表面形成的 Cr_2O_3 钝化层仍导致较大的表面接触电阻。Metha 等深入研究发现,溶解后的金属离子会扩散到膜电极中,引起膜电极传导率的下降。以上研究表明,金属作为双极板之前必须进行表面改性,在 Fe 基金属表面涂覆过渡金属氮化物、碳化物被广泛研究。

1999 年,Phiiip 等研究发现涂覆 TiN 涂层的 316 不锈钢接触电阻与镀金板和石墨板相近。稍后 X. Li 等利用高能微弧合金化沉积技术在不锈钢基体上沉积了厚约 30 μm 的 TiN 涂层,XRD 显示涂层主要由 TiN 和 α – FeCr 组成,由于 TiN 弥散分布在涂层中显著提高了耐磨性,显微硬度达到了 889 HV。M. Flores 等利用磁控溅射法在不锈钢上制备了 Ti/TiN 多层膜,结果显示多层膜的耐腐蚀性比单层膜强。

Min Zhang 等用微弧离子镀技术于不同 N_2 气氛下在 316 不锈钢基体上涂覆 CrN_x 涂层,CrN_x/316 改性涂层界面接触电阻降低了 1 个数量级,耐蚀性增加了 2 个数量级;且当 $x = 0.8$ 时涂层性能最好,10 MPa 压力下的界面接触电阻减小为 8.8 mΩ · cm^{-2},腐蚀电流密度为 10^{-7} A · cm^{-2}。Huabing Zhang 等利用脉冲偏压电弧离子镀技术在 316 不锈钢上制备了含 Cr 过渡层的 CrN/Cr 涂层,1.4 MPa 压力下界面接触电阻为 8.4 mΩ · cm^{-2},70 ℃,0.5 mol H_2SO_4 +

5 ppm F^- 的 PEMFC 双极板环境中腐蚀电流密度为 $10^{-8}A \cdot cm^{-2}$。 Lixia Wang 等用等离子表面扩散合金化技术在 304 不锈钢基体上制备了 NbN 扩散涂层,涂层由 8 ~ 9 μm 的 NbN 涂层及 1 ~ 2 μm 的扩散涂层构成,PEMFC 环境下阳极和阴极自腐蚀电位分别升高到 100 mV 和 143 mV,腐蚀电流密度分别保持在 0.127 μA · cm^{-2}, 0.071 μA · cm^{-2} 以下,界面接触电阻为 9.26 mΩ · cm^{-2}。

Brady 等研究了不同镍基合金渗氮后的电化学行为,渗氮后的镍基合金的耐蚀性得到了改善,其中 Ni-50Cr 渗氮后几乎能满足 PEMFC 的要求,但 Ni-50Cr 的价格限制了其商业化。郭平义等利用高能微弧合金化技术在 K3 合金表面制备了致密的 Ni$_3$Al(Cr)超细晶合金化涂层,900 ℃氧化 400 h 后改性合金比铸态 Ni$_3$Al(Cr)电极和 K3 高温合金的氧化性能更好。Yujiang Xie 等利用高能微弧合金化沉积技术在镍基高温合金上沉积了 NiCoCrAlYTa 涂层,涂层中分布着凝固形成的尺寸小于 1 μm 的 γ 枝状晶。由于 NiCoCrAlYTa 涂层与基体结构相似,两者的匹配性能很好,耐腐蚀性、抗高温性及热疲劳性能还有待研究。

铝、钛等轻金属在提高电池功率方面较不锈钢优势更大,引起了很多学者的关注。然而,轻金属双极板也存在弊端,例如铝板在 PEMFC 环境下耐蚀性很差,钛板的氧化膜会使电池产生较大内阻,因此轻金属板也需进行适当的改性。Hentall 等研究了镀金铝板和渗氮钛板作双极板时的电池性能,开始时铝板的电池性能虽能与石墨板相媲美,但铝非常活泼,很难制备出无缺陷的镀层,镀金层随时间延长逐渐脱落、剥蚀,导致电池性能急速下降,而渗氮钛板的电池性能与 POCO 石墨相近。D. P. Davies 等研究发现钛双极板在 PEMFC 运行中表面逐渐生成导电性差的氧化物膜,导致电池放电性能下降。Hodgson 等为降低钛板表面氧化膜压降造成的损失,在 Ti 板表面涂覆 FC5 涂层,结果表明改性钛板的接触电阻接近石墨板;SO$_4^{2-}$,F$^-$ 环境中动电位扫描未发生腐蚀,改性钛板电池功率密度和使用寿命优于 316 不锈钢。有学者指出可通过涂覆导电氧化物来提高铝、钛等金属的耐蚀性、电导率等,导电氧化物可以是由锡、锌、铟等氧化物中的一种或几种组成的一层或多层结构。

由于上述三种双极板均存在自身的优缺点,不同程度地限制了双极板的商业应用,近年来复合双极板越来越受到研究学者的关注,应用前景可观。

早在 20 世纪 80 年代初期,Iwayama K. 等就制备了石墨/酚醛树脂复合材料用作双极板,有效地提高了石墨的力学强度,缩短了加工周期且成本也有所降低。美国橡树岭国家实验室制备了质子交换膜燃料电池用 C/C 复合双极板。该双极板气密性好、电导率较高、密度小。Davis H J 等以铝板为支撑板,30 % ~ 80 % 碳粉与聚丙烯混合用作流场,注塑压制成双极板材料,注塑压制前先在铝板表面加工出脊刺,使铝板与聚合物的连接更容易,且集流方便、电阻减少。另一种方法是将聚合物板与铝板粘结,然后整体冲压出流场,由于聚合物用刮涂法制备,厚度层减薄、电阻更小。Zhang 等研究了硅、钛、碳化硼掺杂对碳材料石墨化程度的影响,掺杂可显著提高碳材料的石墨化程度,且碳材料的抗弯强度、电阻率和热导率等力学性能得到了显著改善。邹彦文等采用模压成型技术分别以天然石墨和人造石墨为导电材料,乙烯基树脂为黏结剂,制作的双极板的电导率高达 300 S · cm^{-1},弯曲强度在 30 MPa 以上。

目前质子交换膜燃料电池双极板的研究主要集中在材料及流场两方面,金属双极板由于电导率高、硬度高、导热性好、机械加工性好成为研究热点。但单一的金属双极板在燃料电池工作环境中电活性较高,腐蚀产物还会使膜电极及催化剂中毒,降低电池寿命。目前金属材料双极板主要包括铝、镍、铜、碳钢、钛、不锈钢等,但前四者在燃料电池工作环境中腐蚀速率较大,钛腐蚀速率最小但其表面接触电阻较大使电池压降较大,不锈钢虽然耐蚀性能优于前四者但钝化膜接触电阻也较大,因此对金属双极板进行表面改性,制备综合性能优良的双极板是亟待解决的问题。过渡金属氮化物陶瓷材料的线膨胀系数与金属相近、导热导电性能好、耐蚀性好等,常用作金属双极板的涂覆材料。

1.6　本章小结

　　本章详细介绍了高能微弧合金化技术的放电过程与工作原理,分析了沉积层的质量转移规律及国内外在此研究上的进展。进一步深入探讨了高能微弧合金化技术在新能源领域的应用,主要应用领域包括固体氧化物燃料电池、熔融碳酸盐燃料电池和质子交换膜燃料电池。为满足高温部件耐蚀性能的要求,采用高能微弧火花合金化技术在高温合金上微区瞬时放电制备微晶涂层,涂层具有优良的抗高温氧化能力,研究揭示导电氧化物涂层的生长与微观结构及其抗高温机制,发展致密、低离子传导率的高温耐蚀导电涂层,推动固体氧化燃料电池、熔融碳酸盐燃料电池及质子交换膜燃料电池的商业化应用。

第2章　Ni₃Al(Cr)和NiAl微晶涂层的高能性能研究

2.1　引言

高温合金必须同时满足两方面的要求:优异的高温力学性能和抗高温腐蚀性能。Al 和 Cr 是重要的抗高温腐蚀元素,但是在高强度的 Ni 基合金中,如果 Cr 含量太高就会生成对力学性能有害的 σ 相,Al 含量太高就会使合金塑性下降,加工性能恶化。要解决合金高温力学性能和腐蚀性能之间的矛盾,一种有效的途径就是在合金表面施加防护涂层。

随着科学技术的发展和生产技术的进步,特别是对高温部件的耐蚀性能的要求的提高,各种新型高温防护涂层应运而生,这些处理技术在延长材料使用寿命、节约成本等方面起到非常重要的作用。涂层保护合金免受高温腐蚀,它是依附合金表面起作用的,因此涂层的制备必须注意以下几个方面:涂层的退化,即由于涂层与基体合金在界面处发生的互扩散,使涂层内抗氧化元素被较快地消耗掉;涂层与基体之间的结合,涂层必须在合金表面稳定存在;涂层制备的条件和难易程度等。

高能微弧合金化的特点:易于操作;携带方便;热输入极低,消除变形、气孔、皱缩和内应力;不需事先和事后热处理;产生扩散层,冶金结合,连接优异;沉积效率高,涂层质量好;Ar,He 等惰性气体保护时沉积层厚而且质量好;在磨损掉的涂层上能重复堆焊层;不污染环境。研究人员对高能微弧合金化放电机制、沉积层特性、沉积工艺等方面进行了大量研究,还对高能微弧合金化熔滴过渡机制和阴、阳极质量转移也进行了相关研究。RuijunWang 等用高能微弧合金化技术在钛合金上制备高熔点的 WC92-Co8 涂层,涂层厚 50 μm 左右,显微硬度为 HV1129,钛合金基体性能被明显改善。

Ni-Al 系金属间化合物有许多优良的性能,包括高熔点、高抗高温腐蚀性能、较高的高温强度和蠕变抗力等,但室温脆性仍是其作为实用高温结构材料的主要障碍。将金属间化合物用作表面涂层材料,则可以避免对韧性不良的金属间化合物的加工成型,充分发挥金属间化合物的性能优势,改善母材金属表面的服役性能。

2.2 高能微弧合金化制备 $Ni_3Al(Cr)$ 涂层的显微组织

采用工业用 K3 高温合金作为基体合金(在高能微弧合金化过程中充当阴极材料),其化学组成(质量分数)为 C 0.15,Cr 11.0,Co 5.3,W 5.2,Mo 4.2,Al 5.6,Ti 2.6,Fe <2,B 0.02,Ce 0.02,Zr 0.1,Ni Bal.。铸态 $Ni_3Al(Cr)$ 为合金化层原材料(在高能微弧合金化过程中充当阳极材料),成分为 Ni-16.99Al-7.99Cr(原子百分比)。由 $Ni_3Al(Cr)$ 合金锭切割出直径为 4 mm 的圆棒作为沉积电极。

图 2-1 是铸态 $Ni_3Al(Cr)$ 电极(阳极)材料的金相照片。可以看到较大的晶粒,尺寸在 200 ~ 600 μm 之间。高能微弧合金化 $Ni_3Al(Cr)$ 合金化层的表面形貌是经过反复沉积后的合金化层表面,可以看到电极高温熔化形成的熔滴泼溅在基材表面所形成的形貌。

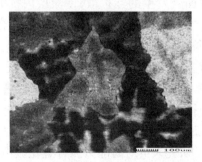

图 2-1 $Ni_3Al(Cr)$ 电极材料的晶体结构

　　进一步利用扫描电镜分析 Ni₃Al(Cr)合金化层的微观组织,如图 2-2(a)所示,主要生成相为 Ni₃Al,经 XRD(图 2-3)分析可知,析出的暗相为 NiAl。图 2-2(b)是合金化层与 K3 基体界面处微观组织,亮点是 K3 基材中的难熔相;EDAX 分析其富 W,Mo。此外,在界面中出现了小的环形裂纹,这是因为在电极材料的沉积过程中,每单个沉积点继续前面的沉积点往上生长,在各沉积点的界面处易有裂纹产生。同时,K3 基体与电极材料成分和结构差异较大,在过渡层更易形成裂纹。X 射线衍射分析(图 2-3)也证实,在铸态电极材料中主要是 Ni₃Al 及 NiAl 相。图 2-4 是 Ni₃Al(Cr)合金化层的截面照片。合金化层与基体间属于冶金结合,腐刻后能清楚地分辨合金化层与基体之间的界面。

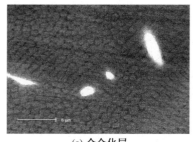 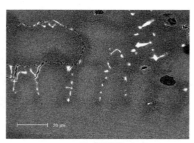

| (a) 合金化层 | (b) 界面处 |

图 2-2　Ni₃Al(Cr)合金化层经过 FeCl₃ 腐刻后表面微观形貌

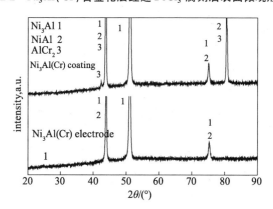

图 2-3　Ni₃Al(Cr)电极材料与合金化涂层的 XRD 分析

图 2-4　$Ni_3Al(Cr)$ 合金化层经过 $FeCl_3$ 腐刻后的截面形貌

2.3　金属间化合物 $Ni_3Al(Cr)$ 层制备过程中的质量转移规律

图 2-5(a)所示是高能微弧合金化过程中 K3 基材(即阴极材料)和涂层的总质量改变与沉积时间的关系。涂层在 K3 上的沉积量随沉积时间的延长而不断增加。在前 1~3 min,基材与涂层总质量保持一定的增长速率,3~5 min 间增加趋势最大。

图 2-5(b)所示是在频率为 500 Hz、功率为 1500 W、沉积时间为 1 min 条件下,K3 基材和涂层的总质量随电压的变化规律。涂层总质量随电压增加而增加。电压从 40 V 增加到 60 V 时,增重较小,而当电压增到 80 V 时,总质量增加明显加大,到 100 V 继续保持增加趋势。

图 2-5(c)所示是功率对基材和涂层总质量的影响。在沉积过程中,当功率从 420 W 增加到 1026 W 时,基材和涂层总质量明显增加,但功率进一步增加对涂层增重没有明显影响。

通过上述电沉积工艺研究,优选出制备 $Ni_3Al(Cr)$ 涂层的工艺参数。具体参数值是:设备输出功率为 1065 W,电压为 80 V,频率为 1000~2000 Hz,氩气流量为 10 l/min,沉积时间为 4~5 min,

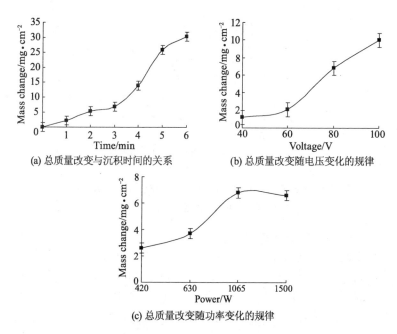

(a) 总质量改变与沉积时间的关系　　(b) 总质量改变随电压变化的规律

(c) 总质量改变随功率变化的规律

图 2-5　HEMAA 工艺以不同参数在 304SS 试样表面沉积 Ni₃Al(Cr)合金层的质量转移规律

2.4　Ni₃Al(Cr)涂层的高温氧化性能

2.4.1　氧化动力学曲线

图 2-6 是 K3 基体、Ni₃Al(Cr)电极材料与合金化层在 900 ℃ 空气中的氧化动力学曲线。在氧化初期,Ni₃Al(Cr)合金化层的氧化增重略大于 K3 基体。但在 15 h 后,K3 的增重超过了 Ni₃Al(Cr)合金化层,两者动力学曲线均近似遵循抛物线规律。Ni₃Al(Cr)电极材料的氧化增重最大,且在前 120 h 基本遵循抛物线规律,在 120 h 后氧化增重加大。

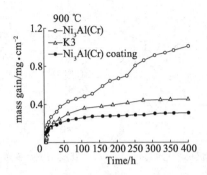

图 2-6　K3 基体、Ni₃Al(Cr) 电极材料与合金化层在 900 ℃
空气中的氧化动力学曲线

2.4.2　氧化产物分析

表面 XRD 分析表明（图 2-7），在 900 ℃ 氧化 400 h 时后，合金化层与电极表面主要生成 Al_2O_3，也生成了 NiO 和尖晶石相，在电极材料表面 NiO 和尖晶石峰值较强，生成量较多。K3 合金表面生成 Al_2O_3 以及 Ti、Co 的氧化物和 $NiCr_2O_4$ 尖晶石相。

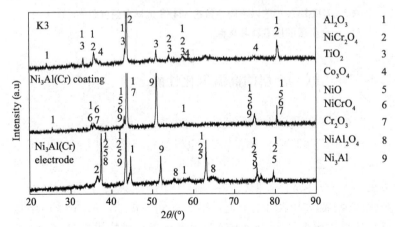

Al_2O_3	1
$NiCr_2O_4$	2
TiO_2	3
Co_3O_4	4
NiO	5
$NiCrO_4$	6
Cr_2O_3	7
$NiAl_2O_4$	8
Ni_3Al	9

图 2-7　K3 基体、Ni₃Al(Cr) 电极材料与合金化层在 900 ℃
空气中氧化 400 h 后的表面 XRD 分析

图 2-8 是 K3 和 Ni₃Al(Cr) 电极材料和 Ni₃Al(Cr) 合金化层在 900 ℃ 空气中氧化 400 h 后的表面形貌。图 2-8(a) 为 K3 表面形成

的氧化膜的主要形貌,由 XRD 和 EDAX 分析得到图中为 Al,Ti,Co,Ni 等形成的混合氧化物;也出现了少量瘤状物,为富 Ti 的氧化物,深色为富 Al 的氧化物。

Ni₃Al(Cr)电极材料的表面氧化产物富 Al₂O₃,图 2-8(b)中突出的亮白色产物为富 Ni 的氧化物,Ni 的氧化物平均分布在整个氧化膜表面,氧化膜表面不太平整,有些地方氧化膜隆起。大量富 Ni 氧化物的生成导致 Ni₃Al(Cr)电极材料在 900 ℃的氧化增重加大。图 2-8(c)、(d)是 Ni₃Al(Cr)合金化层的氧化膜表面形貌。氧化膜表面非常均匀平整,没有出现与电极材料类似的氧化膜皱褶现象,而且氧化 400 h 后,合金化层表面前处理时的磨痕还清晰可见,生成的氧化膜较薄。但是局部也观察到少量富 Ni 的氧化物如图 2-8(d)所示。

图 2-9 是 K3 高温合金的氧化产物截面形貌。与表面产物相对应,从截面形貌也可以看到很多瘤状物,外层为 Al,Ni,Ti,Co 的混合氧化物或者为富 Ti 氧化物,内层为 Al₂O₃ 氧化膜。

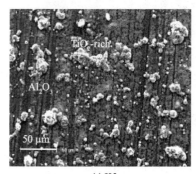 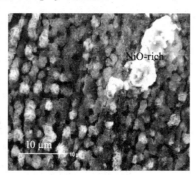

(a) K3   (b) Ni₃Al(Cr)electrode

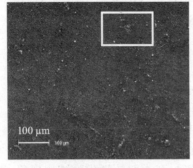
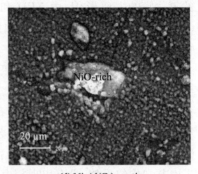

(c) Ni₃Al(Cr) coating　　　　　(d) Ni₃Al(Cr) coating

图 2-8　K3,Ni₃Al(Cr)电极材料和 Ni₃Al(Cr)合金化层在 900 ℃
空气中氧化 400 h 后的表面形貌

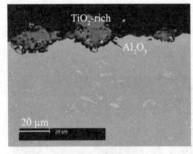
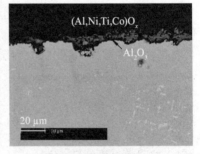

(a) 富 Ti 氧化物区　　　　　(b) 混合氧化物区

图 2-9　K3 高温合金在 900 ℃空气中氧化 400 h 的截面形貌

图 2-10 是 Ni₃Al(Cr)电极材料在 900 ℃氧化 400 h 后的截面形貌。可见,Ni₃Al(Cr)电极材料表面形成的氧化膜的厚度约为 10 ~ 15 μm,主要是富 Al、Cr 氧化膜,氧化膜中夹杂的白色产物为金属 Ni。局部区域如图 2-10(b)形成了复杂的氧化层,外层亮灰色主要为 NiO,中间暗灰色为 NiAl₂O₄/NiCr₂O₄ 层,最内层黑色且较薄的是 Al₂O₃ 层。在氧化膜/基体界面存在一层厚度约为 20 ~ 25 μm 的贫 Al 层。在高温氧化过程中,Al 元素向外扩散形成外氧化膜,导致氧化膜/基体界面 Al 含量降低。此外,由于氧化膜的局部失效,氧向内扩散,发生了 Al 的内氧化如图 2-10(c)。

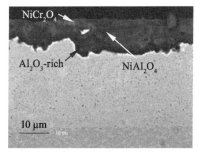

(a) 氧化膜

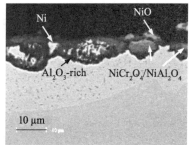

(b) 局部区域

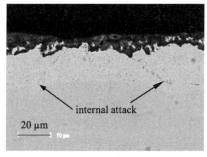

(c) 内氧化区

图 2-10　Ni₃Al(Cr)电极材料在 900 ℃氧化 400 h 后的截面形貌

图 2-11 是 Ni₃Al(Cr)合金化层氧化后的截面形貌。从图 2-11(a)可以看到,Ni₃Al(Cr)合金化层表面氧化膜外层亮色相是 Al,Cr 混合氧化物,内层暗色相是 Al₂O₃,氧化膜厚度只有 1 ~ 2 μm。在氧化膜/基体界面也出现了一贫 Al/Cr 层,厚度为 3 ~ 4 μm。晶粒细化后的合金化层能快速地形成富 Al 的外氧化膜,氧化膜薄而且致密。经过 400 h 的高温氧化后,合金化层/高温合金仍保持良好结合。但沿局部区域也观察到了一些裂纹,如图 2-11(b)所示,并沿这些裂纹形成富 Al 氧化物。

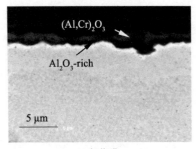 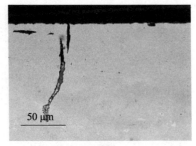

(a) 氧化膜   (b) 裂纹

图 2-11 $Ni_3Al(Cr)$ 合金化层在 900 ℃氧化 400 h 后的截面形貌

2.4.3 氧化机制讨论

图 2-12 是 Ni-Al 二元系合金表面氧化膜的组成与温度、Al 浓度的关系。图中划分三个区域,对应于 Ⅰ 区,NiO 为外氧化层,Al_2O_3 为内氧化物;Ⅱ 区,在氧化初期形成 Al_2O_3 氧化膜,会形成 NiO 及 $NiAl_2O_4$ 尖晶石,最终的氧化膜构成为 Al_2O_3,NiO,$NiAl_2O_4$ 混合氧化物与 Al_2O_3 内氧化物;Ⅲ 区,则是单一 Al_2O_3 氧化膜。由图可以看出,在 1200 ℃ 以下,形成 Al_2O_3 膜的临界铝含量为 30at.%;在 1200 ℃ 以上,临界铝含量为 12at.%。

从 Ni_3Al 中 Al 的含量看来,在温度高于 1200 ℃氧化时,可形成稳定的 Al_2O_3 外氧化膜。而在温度低于 1200 ℃时,初期形成的 Al_2O_3 膜逐渐被 NiO 和 $NiAl_2O_4$ 所取代,形成混合氧化物,即与 Ⅱ 区氧化相似。$Ni_3Al(Cr)$ 电极材料在 900 ℃ 的氧化分析表明,NiO 在局部出现并均匀分布在氧化膜表面,氧化膜的皱褶现象较为明显。在 1000 ℃时,大量 NiO 和 $NiAl_2O_4$ 形成,氧化膜形成中受到较大的应力,氧化膜破裂、剥落严重。添加 8% Cr 后的电极材料依然与 Ⅱ 区氧化相似。

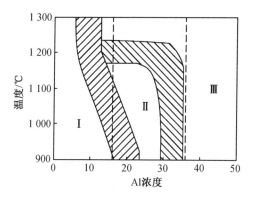

Ⅰ：NiO + internal oxidation of Al；Ⅱ：initial Al₂O₃，then replaced by NiO and NiAl₂O₄；Ⅲ：stable Al₂O₃

图 2-12　Ni – Al 二元系合金表面氧化膜的组成与温度、Al 浓度的关系

Ni₃Al,Ni₃Al(Cr)合金在空气中的初始氧化研究表明,Ni 的表面横向扩散是初始氧化的控制步骤,Cr 的加入使得 Ni₃Al 合金氧化速率下降,晶界选择性氧化形成的 Al₂O₃ 或 Cr₂O₃ 阻碍 Ni 沿表面和晶界的扩散。Ni₃Al(Cr)合金的氧化机制如图 2-13 所示。在氧化初期由于 Al,Cr 的选择性氧化,使得氧化物/合金界面附近的基体富 Ni,氧化膜中产生的压应力导致局部区域破坏,即产生压应力皱褶(pressure ridge),促使 Ni 由氧化物/合金界面附近横向扩散,到达皱褶区,从而导致皱褶区 Ni 含量上升,氧化膜增厚。当 Ni 含量上升后,会在皱褶区生成大量的 NiO 和尖晶石相,导致氧化膜致密性和保护性下降,同时皱褶区的氧化膜也会开裂剥落,导致 Ni₃Al(Cr)合金的抗高温氧化性能较差。

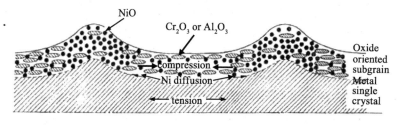

图 2-13　Ni₃Al(Cr)合金的氧化机制示意图

晶粒细化后的 $Ni_3Al(Cr)$ 合金化层氧化机制发生了改变,使得合金化层高温氧化性能得到明显改善。

首先,晶粒细化可使高温氧化过程中一些重要参数改变,如氧化剂在合金中的溶解度、氧化剂与合金组元在合金和氧化膜中的扩散系数等。在含有如晶界、位错等大量短路扩散通道的合金系中,任一组分的扩散系数都是体扩散系数和短路扩散系数的平均值。当考虑晶界这一短路扩散通道对扩散的影响时,有效扩散系数 D_{eff} 的值:

$$D_{eff} = (1-f)D_b + fD_{gb}$$

式中,D_b 为体扩散系数;D_{gb} 为晶界扩散系数;f 为晶界体积分数。

对边长为 d、晶界宽度为 δ 的立方晶粒,$f = 2\delta/d$。这样,有效扩散系数可以从大晶粒的体扩散系数升高到小晶粒的晶界扩散系数值,即有效扩散系数值依赖于 D_b 和 D_{gb} 的相对大小。通常在金属中,短程扩散激活能是晶格扩散激活能的 $0.5 \sim 0.7$ 倍,而 D_{gb}/D_b 的值通常在 $10^4 \sim 10^6$ 范围内。在一定的温度下,晶粒细化,f 值增加,D_{eff} 值增加,从而增加了活泼组元向氧化膜/合金界面的传输速度。

其次,晶粒细化使晶界增加,活泼组元在合金晶界处扩散速度加快,形成活泼组元氧化膜所需临界浓度明显减小。同时晶粒细化也使晶界密度提高,可增加活泼组元氧化物的形核位置,有利于形成单一的外氧化膜。

根据前面的分析知道,$Ni_3Al(Cr)$ 电极材料在 900 ℃ 氧化时不能形成连续致密的 Al_2O_3 膜。用 HEMAA 制备成相应的合金化层后,活泼组元 Al,Cr 的有效扩散系数 D_{eff} 升高到小晶粒的晶界扩散系数,快速向氧化膜/合金界面传输。而且晶粒的细化、晶界密度的增加、Al_2O_3/Cr_2O_3 形核位置大大增多,合金化层可以在更短时间内生成 Al_2O_3 并且快速长大,生成连续保护性富 Al/Cr 膜,从而避免生成大量 NiO 和尖晶石相。

另外,微晶合金化层氧化所形成的氧化膜晶粒尺寸更加细小,这样膜中的部分压应力就会以高温蠕变的方式缓慢释放。而铸态

Ni₃Al(Cr)合金表面形成的氧化膜晶粒尺寸较大,膜的高温塑性较差,因此膜内压应力也相对较高,压应力产生皱褶,使得膜开裂或剥落。

2.4.4　Ni₃Al(Cr)涂层在 1000 ℃的氧化性能

图 2-14 是 K3 基体、Ni₃Al(Cr)电极材料与合金化层在 1000 ℃空气中的氧化动力学曲线。氧化初期铸态 Ni₃(Al,Cr)电极增重明显大于涂层和 K3 基体,而且在 100 h 左右氧化膜大片剥落,出现减重,表明电极材料在 1000 ℃时的抗氧化性能较差。K3 高温合金和 Ni₃(Al,Cr)涂层在 1000 ℃的氧化增重依然遵循抛物线规律,涂层氧化增重略小于 K3 高温合金。

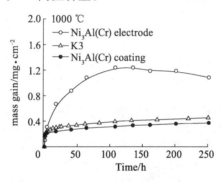

图 2-14　K3 基体、Ni₃Al(Cr)电极材料与合金化层在 1000 ℃空气中的氧化动力学曲线

在 1000 ℃氧化 250 h 后,形成的氧化产物如图 2-15 所示,涂层与电极表面主要生成 Al_2O_3,但是电极材料表面 NiO 峰值较强。K3 合金表面生成 Al_2O_3 以及 Ti,Co 的氧化物和 $NiCr_2O_4$ 尖晶石相。

Ni₃Al(Cr)电极材料在 1000 ℃氧化时,随时间的延长,氧化膜剥落严重,见图 2-16(a),氧化膜表面皱褶,生成了大片的 NiO,见图 2-16(b),而且 NiO 剥落严重。这使得动力学曲线上电极材料开始增重很大,后来又减重。

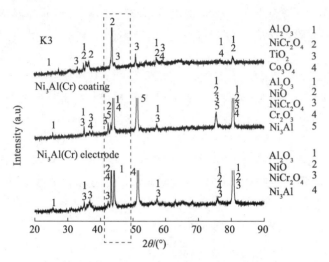

图 2-15　K3 基体、$Ni_3Al(Cr)$ 电极材料与合金化层在 1000 ℃
空气中氧化 250 h 的 XRD 分析

(a) 剥落区　　　　　　　　　(b) NiO形貌

图 2-16　$Ni_3Al(Cr)$ 电极材料在 1000 ℃氧化 250 h 后的表面形貌

图 2-17 是 $Ni_3Al(Cr)$ 涂层在 1000° 氧化后的表面形貌。在
1000 ℃时,氧化膜整体保持平整,见图 2-17(a),没有观察到 NiO,
主要是富 Al,Cr 的氧化物,也有部分含 Cr,Al,Ni 的混合氧化物或
者 Ni-Al,Ni-Cr 尖晶石。涂层表面还出现了少量氧化膜剥落后留下
的孔洞,见图 2-17(b)。

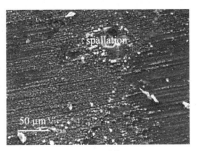

(a) 整体形貌   (b) 局部剥落区

图 2-17 $Ni_3Al(Cr)$ 合金涂层在 1000 ℃ 氧化 250 h 后的表面形貌

K3 高温合金的氧化产物截面形貌与表面产物相对应，从截面形貌也可以看到很多瘤状物，外层为 Al，Ni，Ti，Co 的混合氧化物或者为富 Ti 氧化物，内层为 Al_2O_3 氧化膜。图 2-18 是 $Ni_3Al(Cr)$ 电极材料在 1000 ℃ 氧化 250 h 后的截面形貌。氧化膜厚度明显增加，同时还观察到三种不同的截面形貌。图 2-18(b) 中氧化膜由五层组成，最外层为 NiO；第二层和第三层分别为 Ni-Cr，Ni-Al 尖晶石层；第四层为金属相与 Al/Cr 氧化物的混合层；第五层为富 Al_2O_3 层。由图 2-18(c) 可见，由于氧化膜的失效，沿局部区域，氧化深入合金基体达 120 μm，形成富 NiO、尖晶石和富 Al/Cr 氧化物。

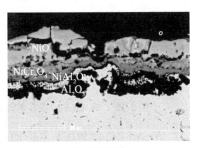

(a) 氧化膜   (b) 局部区域

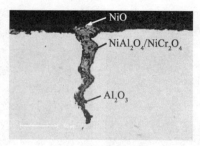

(c) 氧化膜失效区

图 2-18   Ni₃Al(Cr)电极材料在 1000 ℃氧化 250 h 后的截面形貌

图 2-19 是 Ni₃Al(Cr)涂层在 1000 ℃氧化 250 h 后的截面形貌。从图 2-19(a)可见,涂层在 1000 ℃主要生成富 Al 的氧化膜,厚度约为 2 μm,贫 Al 层厚度约为 6 μm。涂层在 1000 ℃抗高温氧化性能优越。涂层与基体结合良好。不足之处在于,虽然涂层制备工艺进行了优化,但仍然会产生一些微观或宏观的缺陷,这在一定程度上损害了涂层的抗高温氧化性能,如图 2-19(b)所示。

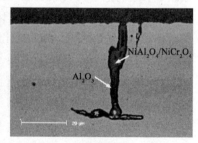

(a) 整体形貌   (b) 涂层缺陷区

图 2-19   Ni₃Al(Cr)涂层在 1000 ℃氧化 250 h 后的截面形貌

Ni₃Al(Cr)合金在空气中的初始氧化研究表明,Ni 的表面横向扩散是初始氧化的控制步骤,Cr 的加入使得 Ni₃Al 合金氧化速率下降,晶界选择性氧化形成的 Al₂O₃ 或 Cr₂O₃ 阻碍了 Ni 沿表面和晶界的扩散。在氧化初期由于 Al,Cr 的选择性氧化,使得氧化物/合金界面附近的基体富 Ni,氧化膜中产生的压应力导致局部区域破坏,即产生压应力皱褶,促使 Ni 由氧化物/合金界面附近横向扩散,到达皱褶区,从而导致皱褶区 Ni 含量上升,氧化膜增厚。当 Ni 含量上升后,会在皱褶区生成大量的 NiO 和尖晶石相,导致氧化膜致密性和保护性下降,同时皱褶区的氧化膜也会开裂剥落,导致 Ni₃Al(Cr)合金的抗高温氧化性能较差。

　　晶粒细化后的 Ni₃Al(Cr)涂层氧化机制发生了改变,使得涂层高温性能得到明显改善。首先晶粒细化可使氧化剂在合金中的溶解度、氧化剂与合金组元在合金和氧化膜中的扩散系数等发生改变;也使得活泼组元在合金晶界处扩散速度加快,形成活泼组元氧化膜所需临界浓度明显减小。同时晶粒细化也使晶界密度提高,可增加活泼组元氧化物的形核位置,有利于形成单一的外氧化膜。Ni₃Al(Cr)电极材料在 1000 ℃氧化时不能形成连续致密的 Al_2O_3 膜。相应的涂层活泼组元 Al,Cr 的有效扩散系数升高,快速向氧化膜/合金界面传输,而且晶界密度的增加,Al_2O_3/Cr_2O_3 形核位置大大增多,涂层可以在更短时间内生成 Al_2O_3 并且快速长大,生成连续保护性富 Al/Cr 膜,从而避免生成大量 NiO 和尖晶石相。

2.5　高能微弧合金化制备 NiAl 微晶涂层的显微组织

2.5.1　NiAl 涂层制备过程中的质量转移规律

　　工业用 K3 高温合金作为基体,以直径为 4 mm 的 NiAl 圆棒为电沉积阳极,其成分为 Ni-34.8Al(原子分数)。分析高能微弧合金化过程中的质量转移规律,合金化层的形成是通过多次放电、反复合金化形成的强化点逐渐叠加产生的。由于合金化过程中一次放电持续时间很短,电极与基材间的间歇也不容易测量,一次放电的质量转移量又很微小,所以通过直接测量的方法获得质量转移的特性参数变得非常困难。目前关于合金化层的质量转移规律主要有两种假设:第一种假设认为在电脉冲时,电极材料在质量转移的过程中可以是固态、液态,也可以是气态,对质量转移起重要贡献的是液相物质的转移过程,此时不仅电极失去质量,基材也会失去质量或者不能获得质量。第二种假设是熔滴-飞溅转移机制,这个现象同焊接过程非常相似。空气、氮气或氩气等形成导电性的等离子体,从而熔滴被等离子体流推向阴极侧,同基体粘接。

图 2-20 是 NiAl 合金化层质量随沉积时间、电压和功率的变化规律。由图 2-20(a)可知在最初的 1 min 沉积时间里,K3 基材先增重,然后随沉积时间延长不断减重。在 4 min 后基材质量保持在一定范围内波动。由图 2-20(b)可知,当沉积时间相同时,K3 基材重量随电压的增加而呈现减小趋势。40 V 时合金化层沉积量最大,60 V 时略有下降,80 V 时基材出现了减重,100 V 和 80 V 时类似。由图 2-20(c)可知,沉积过程中,基材随功率的增加交替出现增重和减重趋势,功率的改变对基材的质量影响很大。

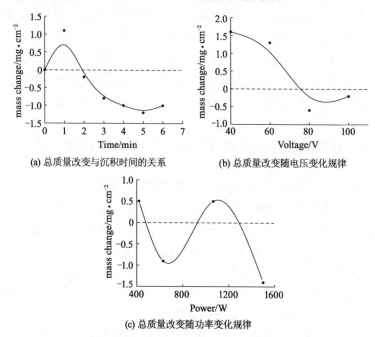

(a) 总质量改变与沉积时间的关系　　(b) 总质量改变随电压变化规律

(c) 总质量改变随功率变化规律

图 2-20　HEMAA 工艺以不同参数在 304SS 试样表面沉积 NiAl 合金层的质量转移规律

合金化层制备过程中是增重还是减重与电极材料每单位面积热消耗量相关,而单位面积的热消耗量是由材料的热扩散率、比热、密度等决定的。由于 NiAl 电极的热消耗量的值与 K3 高温合金的值非常相近,这就使得合金化过程中 K3 基材会出现减重现象。在等离子体作用下,从阴极抛出的材料数量比较小,从阳极来的液态相将补偿这些损耗,所以此时阴极材料能够获得质量,这就使质量转移为正;而当阴极上产生的液态相比较多,阳极在等离子体的作用下产生的液态相数量相对较小,不能补偿阴极上散失的液态相时,在阳极失去质量的同时,阴极也同时失去质量。如果作为阳极的 NiAl 电极的熔化量不能大于作为阴极的 K3 基材的熔化量,基材就会减重。

通过上述工艺研究,优化出制备 NiAl 合金化层的具体参数:设备输出功率为 1065 W,电压为 60 V,频率为 1000~2000 Hz,氩气流量为 10 l/min,沉积时间为 1 min。最后在其他工艺参数不变的条件下,将电压调小再沉积,使合金化层表面更加光滑。

2.5.2　NiAl 电极材料与合金化涂层形貌

图 2-21 是 NiAl 电极材料的显微组织。金相样品经过细磨抛光后用浓度为 10% 的 $FeCl_3$ 溶液进行腐刻,再用光学显微镜观测得到其显微结构。其晶粒尺寸在 20~100 μm 之间。

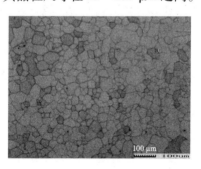

图 2-21　NiAl 电极材料的显微组织

NiAl 合金化层表面形貌是去除粗糙表面后内层的形貌(图 2-22)。结合 X 射线衍射和 EDAX 结果分析,合金化层主要由两相组成,即暗色 NiAl 基体相和析出的亮相 Ni_3Al 金属间化合物。其晶粒尺寸远小于相应的 NiAl 电极材料。

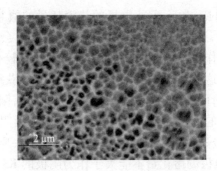

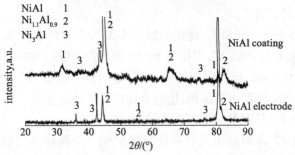

图 2-22 NiAl 合金化层表面形貌(去除粗糙表面)和 XRD 分析

图 2-23(a)是 NiAl 合金化层腐刻后的截面金相照片。在制备条件下所得合金化层的厚度在 50 ~ 100 μm 之间,整个合金化层均匀致密,产生热裂纹较少,而且与基体间结合非常致密。从图 2-23(b)的 SEM 图,可以看到整个合金化层分为三层结构,外层和次外层如图 2-23(b1)和(b2)所示,两层结构相似,都由 NiAl(暗色)和 Ni₃Al(亮色)两相组成,只是外层析出相更细密。最内层为过渡层,出现在合金化层/基体界面,类似于柱状晶结构,这是由于合金化初期,在高温合金表面,由于电极材料与基体间存在混熔的过程,合金化层较大一部分为基体成分,晶体结构差异不大,容易在界面处形成柱状晶。而外合金化层主要为 Ni-Al 电极材料,此时 β 相与 γ 相竞争生长,使得合金化层为等轴晶。在过渡层中出现的亮相,经 EDAX 分析,其为 K3 基体中富 W,Mo 的难熔相。

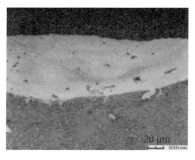
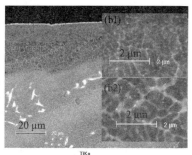
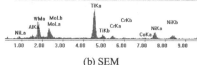

(a) 金相照片　　　　　　　　　　(b) SEM

图 2-23　NiAl 合金化层腐刻后的截面形貌

2.5.3　水溶液中电化学性能

电化学实验采用 2273 电化学测试系统(EG&G)测试。电极体系为三电极体系,使用两种酸性溶液: (1) 0.05 mol/l H_2SO_4 + 0.25 mol/l Na_2SO_4; (2) 0.05 mol/l H_2SO_4 + 0.25 mol/l NaCl, 用恒温水浴控制实验温度为(30 ± 1)℃。

图 2-24 是 NiAl 电极材料与合金化层在含氯和不含氯的酸性腐蚀介质中的动电位极化曲线。在不含氯离子的酸性介质中,三种材料在一定电位下都表现出钝化行为,生成钝化膜。腐蚀电位的大小差异不大,NiAl 电极材料具有最宽的活化钝化区,而 K3 基材直接进入钝化区,其钝化区间最窄。NiAl 合金化层相比于电极材料,维钝电流密度更小,差值接近一个数量级,但是击破电位比电极材料有所降低。K3 基材维钝电流密度在三种材料中最小。

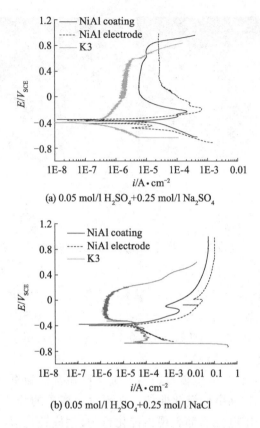

(a) 0.05 mol/l H$_2$SO$_4$+0.25 mol/l Na$_2$SO$_4$

(b) 0.05 mol/l H$_2$SO$_4$+0.25 mol/l NaCl

图 2-24　NiAl 合金化层、电极材料和 K3 基体在溶液中浸泡 1 h 后的动电位极化曲线

在含氯离子的酸性介质中,只有 K3 基材在一定电位下表现出活化钝化行为,而 NiAl 电极材料与合金化层存在很窄的活化钝化区,说明材料表面难以形成致密的钝化膜。合金化层腐蚀电位略高于电极材料,腐蚀电流也比电极材料小,表明其耐蚀性较电极材料有所提高。

2.5.4　合金化层的高温氧化性能

NiAl 合金化层、电极材料和 K3 基体在 1000 ℃空气中氧化 200 h 动力学曲线如图 2-25 所示。可以看到氧化初期三种材料的氧化增重都很大,这说明在此期间材料表面迅速生成一层氧化膜。氧化大约 5 h 后增重都趋于平缓,这就表明三种材料生成的氧化膜都具有保护性。NiAl 合金化层的氧化增重无论在初期还是后期均高于电极材料,但是低于 K3 基体。根据 Wagner 理论,三种材料的动力学曲线都遵循抛物线规律,不同材料的起始抛物线速率常数和稳态速率常数列于表 2-1。从表中数据可知,K3 与 NiAl 合金化层的速率常数 K_{p1} 和 K_{p2} 具有相同的数量级,而相应的 NiAl 电极材料速率常数均小一个数量级,表明其在 1000 ℃抗氧化性能更好。

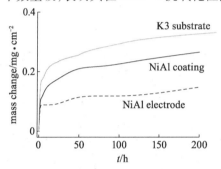

图 2-25　NiAl 合金化层、电极材料和 K3 基体在 1000 ℃
空气中氧化 200 h 动力学曲线

表 2-1　NiAl 合金化层、电极材料和 K3 基体在 1000 ℃空气中氧化 200 h 的
起始抛物线速率常数和稳态速率常数

抛物线速率常数	K3 基体	NiAl 涂层	NiAl 电极
$K_{p1}(\mathrm{g^2 \cdot cm^{-4} \cdot s^{-1}})$	4.71×10^{-11}	1.93×10^{-11}	7.32×10^{-12}
$K_{p2}(\mathrm{g^2 \cdot cm^{-4} \cdot s^{-1}})$	1.60×10^{-12}	1.39×10^{-12}	5.69×10^{-13}

　　K3 基体、NiAl 电极材料和合金化层在 1000 ℃氧化 200 h 时后表面形貌如图 2-26 和图 2-27 所示。K3 表面主要生成 Al_2O_3 以及 Ti,Co 的氧化物和 $NiCr_2O_4$ 尖晶石相,氧化膜的整体形貌放大后得到两种形貌的产物。由 EDAX 分析得到,图 2-26(a) 中的氧化物为 Al,Ti,Co,Ni 形成的混合氧化物,图 2-26(b) 中瘤状物为富 Ti 的氧化物,深色为富 Al 的氧化物。正是由于混合氧化物和富 Ti 的氧化物的形成,使得 K3 基材在氧化初期增重比另两种材料大。

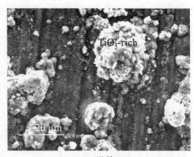

(a) 形貌一　　　　　　　　　　　(b) 形貌二

图 2-26　K3 基体 1000 ℃氧化 200 h 时后表面形貌

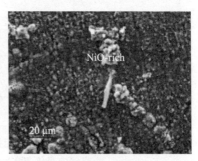

(a) NiAl cathode　　　　　　　　(b) NiAl coating

图 2-27　NiAl 电极材料和合金化层 1000 ℃氧化 200 h 时后表面形貌

从图 2-27(a) NiAl 电极材料在氧化过程中形成单一的 Al_2O_3 氧化膜,因此其氧化增重和氧化速率常数较小。图 2-27(b) NiAl 合金化层表面除了生成富 Al 的氧化物外,还生成了一些富 Ni 的瘤状物。产生的主要原因是:合金化层在制备过程中,K3 基体中的 Fe, Cr,Ni 等元素混合进入合金化层,影响了合金化层的高温性能;再有,火花放电过程中,合金化层会产生一些微裂纹或缺陷,这也导致生成 Al_2O_3 氧化膜的不完整性。

晶粒细化后的合金化层氧化机制发生了改变,使得合金化层高温氧化性能得到改善。首先,晶粒细化可使高温氧化过程中一些重要参数改变,如氧化剂在合金中的溶解度、氧化剂与合金组元在合金和氧化膜中的扩散系数等。其次,晶粒细化使晶界增加,活泼组元在合金晶界处扩散速度加快,形成活泼组元氧化膜所需临界浓度明显减小。同时晶粒细化也使晶界密度提高,可增加活泼组元氧化物的形核位置,有利于形成单一的外氧化膜。

2.6　本章小结

在 K3 合金上用高能微弧合金化技术制备微晶涂层,阳极材料采用铸态 $Ni_3Al(Cr)$ 和 NiAl 金属间化合物。在合金化过程中存在电极向 K3 基材进行物质迁移和 K3 基材向电极进行物质迁移的双向迁移过程,整个质量转移以哪种迁移为主,主要取决于两种材料相对热流量的值。制备 $Ni_3Al(Cr)$ 涂层时,以铸态阳极材料向 K3 基材进行物质迁移为主。$Ni_3Al(Cr)$ 合金化层在 900 ℃和 1000 ℃空气中氧化时具有比相应铸态合金 $Ni_3Al(Cr)$ 电极和 K3 高温合金更好的高温氧化性能,形成连续致密的、黏附性良好的 Al_2O_3 氧化膜。采用 HEMAA 这一简便方法能够获得具有优异抗高温氧化性能的合金化层。

在不含氯离子的酸性介质中,NiAl 合金化层相比于电极材料,维钝电流密度更小,差值接近一个数量级,但是击破电位有所降低。在含氯离子的酸性介质中,合金化层存在很窄的活化钝化区,难以形成致密的钝化膜,但分析其腐蚀电位和腐蚀电流,显示其耐蚀性比电极材料有所提高。NiAl 合金化层、电极材料和 K3 基体在 1000 ℃氧化时,表面都能生成具有保护性的氧化膜,且 NiAl 电极材料氧化速率常数比另两种材料小一个数量级。NiAl 合金化层在 1000 ℃空气中氧化时,比电极材料氧化增重大,这主要是涂层中的缺陷和杂质元素所致。

第3章 Fe₃Al 和 FeAl 微晶涂层的高能性能研究

．

3.1 引言

Fe-Al 金属间化合物具有比重小、弹性模量高、抗氧化、抗硫化、耐热腐蚀等一系列优异的性能特点。同各种不锈钢、钴基和镍基高温合金相比，Al 在高温腐蚀环境中，特别是在冲蚀条件下使用具有独特的优势，已成为材料研究最活跃的领域之一，由于不含贵重金属、原料成本低，其有望成为新一代廉价耐蚀材料。但是，Fe-Al 金属间化合物具有室温脆性（延伸率 <5%）和温度超过 600 ℃后材料强度急剧下降、限制其工业应用的两大主要障碍。为解决这一问题，多年来材料工作者进行了大量的研究和探索。在对 Fe₃Al 的力学行为、腐蚀行为及其组织结构和相关的相变过程的研究上取得了许多研究成果，对这种材料的环境脆性问题的研究也取得了一定的进展，通过调整合金的成分和组织结构能够有效地提高其强度和塑性。但是由于成本和加工工艺等问题，Fe-Al 作为结构材料未能得到广泛应用。若将 Fe₃Al 用作高温结构材料的表面防护涂层，即将材料的高温耐蚀性和高温强度分开来考虑，高温强度由基体材料来承担，高温下的腐蚀与磨损由金属间化合物涂层来防护，这无疑可以大大拓宽 Fe₃Al 材料的应用范围。

目前表面涂覆方法主要有热喷涂、高温扩散、激光熔覆等工艺方法。高能微弧合金化技术在制备涂层上有着许多优点，如易于操作、不需热处理、沉积效率高、涂层质量好、省时、少污染等，正受到越来越多的重视。因此本书采用高能微弧合金化技术在 316L

不锈钢上制备 Fe₃Al 和 FeAl 金属间化合物涂层,用作抗高温氧化涂层,也可用来作为 MCFC 双极板表面防护涂层。

3.2　Fe₃Al 和 FeAl 微晶涂层的制备

采用工业用 316L 作为基体合金(电沉积时充当阴极材料),其化学组成如表 3-1 所示。阳极 Fe₃Al 成分为 Fe-24.4Al-0.12B(原子百分比),FeAl 成分为 Fe-39.3Al-0.1B(原子百分比)。由合金锭切割出直径为 4 mm 的圆棒作为电极。

表 3-1　316L 不锈钢的化学组成

C	Mn	Si	Cr	Ni	P	S	Mo	Fe
0.03	2.00	1.00	16.0~18.0	10.0~14.0	0.045	0.03	2.3~3.0	Bal.

图 3-1(a)是高能微弧合金化过程中 Fe₃Al 基材质量与沉积时间的关系。沉积量随沉积时间的延长而不断增加。在前 1~2 min,基材保持较大的增重速率,在 2~6 min 增重趋势逐渐平缓;图 3-1(b)是在频率为 500 Hz、功率为 1500 W、沉积时间为 1 min 条件下的基材质量随电压的变化规律。基材增重随电压增加而增加,当电压增到 80 V 时,基材增重明显加大;图 3-1(c)是功率对基材质量的影响。功率从 420 W 增加到 1065 W 时,基材质量明显增加。

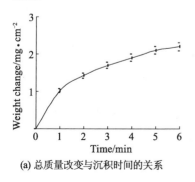

(a) 总质量改变与沉积时间的关系

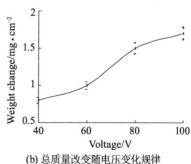

(b) 总质量改变随电压变化规律

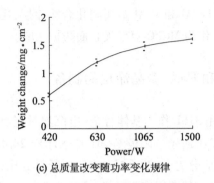

(c) 总质量改变随功率变化规律

图 3-1 HEMAA 工艺以不同参数在 304SS 试样表面沉积
NiAl 合金层的质量转移规律

沉积层的形成是通过多次放电、反复合金化形成的强化点逐渐叠加产生的。由于火花放电过程中一次放电持续时间很短,电极与基材间的间歇也不容易测量,一次放电的质量转移量又很微小,所以通过直接测量的方法获得质量转移的特性参数变得非常困难。

在沉积过程中,电极上抛出的材料一部分转移到相对的工件上去,而另一部分则飞散在环境介质中。在沉积初期,当进行单点合金化时,电极材料以泼溅态转移到基材,单点的形貌为中心凹陷周围微隆起的飞溅物,初期是阳极不断接触基材表面的过程,基材持续增重。而一旦电极材料铺满整个基体表面后,继续沉积则同时出现的两种转移(电极上的材料继续以液相转移到基体表面,而基体表面已经黏附的电极材料也会以液相转移到电极材料上)质量都很大,这就存在一个转移平衡。当转移到基体上的电极材料多于转移到电极上的材料时,基体就继续保持增重趋势。反之,基材质量就会逐渐减小。

通过上述电沉积工艺研究,优选出 Fe_3Al 涂层制备工艺参数设置:设备输出功率为 1065 W,电压为 60 ~ 80 V,频率为 1000 ~ 2000 Hz,氩气流量为 10 l/min,沉积时间为 3 ~ 4 min。

3.3　基体与涂层形貌和高温氧化性能

图 3-2 是 Fe_3Al 电极材料与涂层的表面金相照片。金相样品经过 $FeCl_3$ 溶液腐刻。图 3-2(a)可以看到 Fe_3Al 电极材料晶粒尺寸较大,在光学显微镜下不能看到一个完整的晶粒,在晶粒内部可以看到亚晶界。图 3-2(b)是 Fe_3Al 涂层除去外表面层后的显微组织,其晶粒大小在 $10 \sim 20$ μm,晶粒得到明显细化。

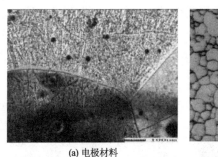
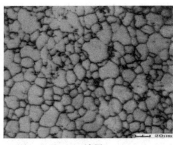

(a) 电极材料　　　　　　　　　(b) 涂层

图 3-2　Fe₃Al 电极材料与涂层的显微组织

图 3-3 是 FeAl 电极材料与涂层的表面金相照片。金相样品经过细磨抛光后并腐刻。图 3-3(a)可以看到 FeAl 电极材料晶粒在 $50 \sim 300$ μm 不等。图 3-3(b)是 FeAl 涂层除去外表面层后的晶体结构,其晶粒细小,只有 $3 \sim 5$ μm。

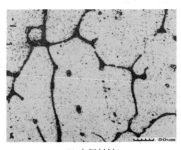
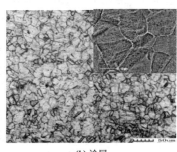

(a) 电极材料　　　　　　　　　(b) 涂层

图 3-3　FeAl 电极材料与涂层的显微组织

图 3-4 是 Fe_3Al 和 FeAl 涂层经过草酸溶液电解腐刻后的截面金相照片。涂层与基体间属于冶金结合,在涂层与基体之间没有明显的过渡层。在制备条件下所得涂层的厚度在 50～100 μm 之间,整个涂层均匀致密、无明显缺陷。由于涂层在制备过程中骤然冷却收缩,可能形成局部热裂纹,热裂纹的产生与电极材料本身的特性以及在制备过程中工艺参数的控制密切相关。FeAl 涂层截面形貌特征与 Fe_3Al 涂层相似,如图 3-4(b)所示,但由于 Al 含量相对更高,在制备涂层过程中 Al 易气化挥发,FeAl 涂层截面出现亮色(Fe含量更高)和暗色区域。对涂层晶体结构进行分析发现,Fe_3Al 涂层截面形貌没有出现柱状晶结构,整个涂层是单相,没有第二相析出。FeAl 涂层靠近基体处呈现柱状晶结构,然后是柱状晶与等轴晶结构交替出现,沿晶界析出的亮相为 Fe_3Al 金属间化合物。

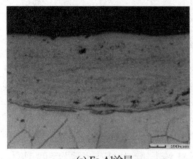 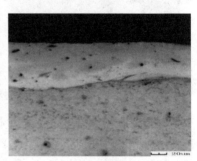

(a) Fe_3Al涂层　　　　　　　　　(b) FeAl涂层

图 3-4　Fe_3Al 和 FeAl 涂层腐刻后截面金相照片

3.3.1　氧化动力学曲线

关于 Fe-Al 合金高温性能的研究前人做了很多工作。M. A. Montealegere 等研究了 Y_2O_3 弥散强化的 FeAl 金属间化合物在 1100 ℃的高温氧化性,结果表明合金表面很快就能形成氧化铝膜,虽然其氧化速度远低于商用 PM2000 高温合金,但是氧化膜在冷却过程中会产生剥落,这是由于氧化膜与基体之间热膨胀系数差异较大所致。

Fe_3Al 和 FeAl 电极材料与涂层在 900 ℃空气中氧化 200 h 动力学曲线如图 3-5(a)、(c)所示。在氧化初期和后期,涂层的氧化增重均大于电极材料。两者动力学曲线遵循抛物线规律。可以看到氧化初期涂层与基体氧化增重很大,这说明在此期间合金表面迅速氧化,形成一层氧化膜。随着氧化时间延长,两种材料增重都趋于平缓,表明生成的氧化膜具有保护性。无论 Fe₃Al 还是 FeAl,经过晶粒细化后的涂层氧化增重都高于电极材料,可能是由于涂层表面粗糙度引起的。

图 3-5(b)、(d)是 Fe₃Al 和 FeAl 电极材料与涂层在 1000 ℃空气中氧化的动力学曲线。Fe₃Al 电极材料氧化不久,氧化膜就开始剥落,但是初期由于氧化膜的生长速度较快,在动力学曲线上没有表现出失重,随着氧化时间的延长,生成的氧化膜大片剥离,出现失重。涂层氧化增重大于电极材料,在 150 h 后也开始出现轻微剥落。FeAl 合金从 1 h 开始氧化膜的剥落就使得增重值上下波动,但是由于氧化膜的生长速度一直很快,因此没有出现失重现象。但在 160 h 以前,氧化速率平缓,氧化膜具有一定保护性。

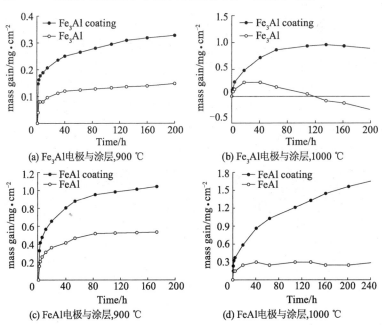

图 3-5　Fe₃Al 和 FeAl 电极材料与涂层在 900 ℃,1000 ℃空气中氧化动力学曲线

3.3.2 氧化产物形貌分析

Fe₃Al 涂层在 900 ℃氧化 200 h 后的表面形貌如图 3-6 所示。电极材料与涂层表面生成的氧化产物均富 Al_2O_3。涂层表面氧化膜存在一些缺陷,缺陷处产物为含 Fe,Al,Cr 的复合氧化物。

(a) 表面Al_2O_3形貌   (b) Fe、Al、Cr复合氧化物形貌

图 3-6　Fe₃Al 与涂层在 900 ℃空气中氧化 200 h 表面形貌

图 3-7 是 Fe₃Al 涂层在 900 ℃空气中氧化 200 h 后的截面形貌。分析发现,虽然 Fe₃Al 电极材料表面生成的富 Al 氧化膜较薄,但是很易剥落,这与 M. A. Montealeger 等的研究结果一致。而 Fe₃Al 涂层生成氧化膜更厚,如图 3-7(a) 所示,但黏附性好,难剥落。这说明了涂层氧化增重高于电极材料的原因,但是涂层黏附性好,保护性增强。从图 3-7(b) 可见,200 h 后涂层与不锈钢界面依然保持良好的结合。

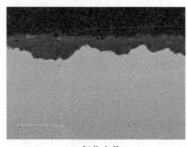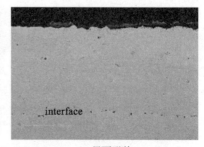

(a) 氧化产物   (b) 界面形貌

图 3-7　Fe₃Al 涂层在 900 ℃空气中氧化 200 h 截面形貌

　　另外,Fe₃Al 电极材料与涂层在 1000 ℃ 空气中氧化 200 h 时后,Fe₃Al 电极材料氧化铝膜剥落后,表面又被继续生成的氧化铝覆盖。在涂层表面氧化膜缺陷处生成的 Fe,Al,Cr 的复合氧化物比900 ℃ 时增加。

3.4　Fe₃Al 电极材料与涂层氧化机制讨论

　　Fe-Al 合金在不同温度下氧化产物与合金成分的关系如图 3-8所示。W. E. Boggs 认为较高的温度对氧化铝膜的形成有利,有利于铝在合金中的扩散。二元 Fe-Al 合金的铝含量必须达到 16at. % 以上才能形成比较理想的保护性氧化铝膜。图 3-8 中由虚线围绕起来的区域表示在合金表面形成铁和铝的混合氧化物膜,同时随机地生长富铁的瘤状氧化物,瘤状物主要由 Fe₂O₃,FeAl₂O₄,Al₂O₃组成,虚线形状说明瘤状物在某些条件下更容易形成,也就是铝含量在 8at. % ~ 12at. %,而氧化温度在 700 ℃ 以上。

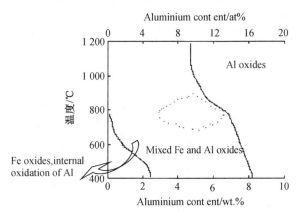

图 3-8　Fe-Al 合金氧化时氧化膜成分与合金成分的关系

　　Fe₃Al 金属间化合物中 Al 含量超过 16at. %,但由于金属间化合物中 Al 的活度降低,影响了保护性氧化铝膜的形成。Fe₃Al 电极材料在 900 ℃ 和 1000 ℃ 时都生成保护性氧化铝膜,但是由于产生大的生长应力,使生成的氧化铝膜易剥落。温度升高时,氧化铝生长速度加快,应力增大,剥落明显。而氧化铝与基体间的热膨胀系数差异引起的应力,使得合金在冷却过程中氧化膜与基体剥离。

Fe_3Al 涂层由于晶粒细化以及涂层的柱状晶结构特点,氧化铝膜生长应力被减弱,而且沿柱状晶氧化产生的钉扎作用,使氧化膜/涂层界面紧密结合。另外,微晶涂层氧化所形成的氧化膜晶粒尺寸更加细小,这样膜中的部分压应力就会以高温蠕变的方式缓慢释放。而铸态 Fe_3Al 合金表面形成的氧化膜晶粒尺寸较大,膜的高温塑性较差,因此膜内压应力也相对较高,压应力产生皱褶,使得膜开裂或剥落。但是由于涂层制备中产生的微观或宏观缺陷的存在,以及在制备过程中不锈钢基体元素 Fe,Cr,Ni 等混入涂层中,使富 Al 氧化膜中出现一些混合氧化物。

通过控制工艺参数,高能微弧合金化技术能制备均匀致密的 Fe_3Al 和 FeAl 金属间化合物涂层,涂层与基体属于冶金结合。在 900 ℃和 1000 ℃空气中氧化时,虽然涂层氧化增重均高于电极材料,但是氧化膜的剥落得到明显抑制,特别是在 1000 ℃时。

3.5 $Ni_3Al(Cr)$ 与 FeAl 涂层在 $(Li, K)_2CO_3$ 共晶盐中的热腐蚀

作为燃料电池的一种,熔融碳酸盐燃料电池(MCFC)以发电效率高、电催化无须使用贵金属及环境友好等特点而受到重视,成为 20 世纪 80 年代以来美、日及欧重点发展的民用发电技术,并且可以直接以煤气为燃料,特别适合我国国情。

MCFC 是一种高温燃料电池,工作温度为 600 ℃ ~ 700 ℃,它主要由多孔金属阳极、多孔氧化物阴极、电解质板及导电双极板等组成。目前,电池的低寿命和高成本是抑制 MCFC 商业化的瓶颈。

其中,熔融碳酸盐电解质引起的电池材料的腐蚀是主要原因之一,电池材料的腐蚀主要包括氧化物阴极的溶解、阳极及双极板材料的腐蚀等。双极板兼作电池集流器和隔离板。集流器连接隔离板和电极,而隔离板分离单体电池,主要起 3 种作用:一是将阳

极气氛与阴极气氛分离,二是提供单体电池之间的电接触,三是提供一个湿封区。这样就存在 3 个不同的腐蚀环境,即阳极区、阴极区和湿封区。一种单一材料或涂层难以满足这样不同的腐蚀环境。由于较好的总的材料力学性能及成本较低,目前双极板材料一般采用不锈钢如 316 和 310 等,但它们的耐腐蚀性能远满足不了实用化要求,且在阳极一侧的腐蚀速度可比阴极一侧高 2 个数量级,因此必须寻求适当的表面防护技术。由于湿封区对导电性无要求,故在此部位一般采用 Al 化物涂层,以期形成 Al_2O_3 保护膜(在服役过程中被转化为 $LiAlO_2$),能满足实用化要求。目前对湿封区的表面处理一般采用喷涂、热扩散或离子蒸发等方法。

Youngjoon Moon 等在 316L 不锈钢上电镀 Ni,Al 涂层,作为 MCFC 双极板,热处理 1 h 后表面分别形成了 Ni_2Al_3 和 NiAl 金属间化合物。Ni_2Al_3 和 NiAl 的表面层对基体保持较好的黏附性,在熔盐中的抗腐蚀性能均优于 316L 不锈钢,且 NiAl 金属间化合物腐蚀率略低于 Ni_2Al_3。F. J. Perez 等通过离子气相沉积法在 316L 不锈钢上制备 Al 涂层,该涂层在 650 ℃熔盐中腐蚀 1000 h 之后,形成了 $LiAlO_2$,$LiFeO_2$,$LiCrO_2$,显著改善了不锈钢的抗腐蚀性能。

本节用 HEMAA 在 316L 不锈钢表面制备 $Ni_3Al(Cr)$ 和 FeAl 金属间化合物涂层,并研究涂层在熔融碳酸盐中的腐蚀性能。

3.5.1　熔盐体系及测试方式

腐蚀电化学实验在 650 ℃熔融 $(0.62Li,0.38K)_2CO_3$(摩尔比)中进行。实验前按比例将盐混合均匀,并在 400 ℃下干燥 24 h。电化学阻抗测量采用由同种材料组成的双电极体系(图 3-9)。阻抗测量采用 PAR2273 电化学测试系统。采用 XRD 和 SEM 分析、观察腐蚀产物。

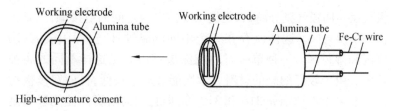

图 3-9　电化学阻抗测量中的双电极体系示意图

3.5.2　电化学阻抗谱

图 3-10 是 $Ni_3Al(Cr)$ 涂层在 650 ℃ $(0.62Li,0.38K)_2CO_3$ 共晶盐中腐蚀不同时间后的阻抗谱。在 24 h 实验周期内，Nyquist 谱图一直具有双容抗弧特性，表现出两个时间常数，即高频端为一半径较小的圆弧，低频端为一半径较大的圆弧。

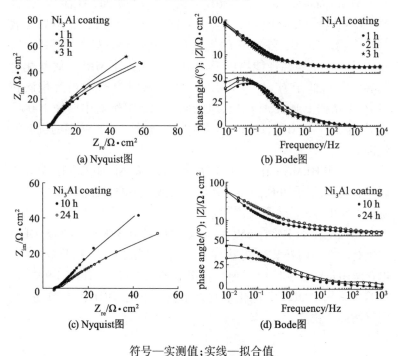

符号—实测值；实线—拟合值

图 3-10　$Ni_3Al(Cr)$ 涂层在 650 ℃ $(0.62Li,0.38K)_2CO_3$
共晶盐中腐蚀不同时间后的阻抗谱

图 3-11 是 FeAl 涂层在 650 ℃ (0.62Li,0.38K)₂CO₃ 共晶盐中腐蚀不同时间后的阻抗谱。在 24 h 实验周期内,Nyquist 谱图也具有双容抗弧特性,表现出两个时间常数。在 1~5 h 内随时间延长,阻抗值增加,随后阻抗值变化不大。

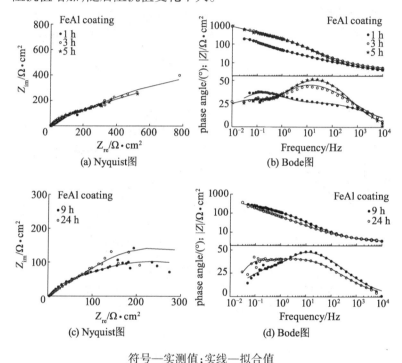

符号—实测值;实线—拟合值

图 3-11　FeAl 涂层在 650 ℃ (0.62Li,0.38K)₂CO₃
共晶盐中腐蚀不同时间后的阻抗谱

图 3-12 是 316L 不锈钢腐蚀不同时间后的阻抗谱。腐蚀周期内 Nyquist 图保持双容抗弧特征,腐蚀初期随着时间的延长阻抗值下降,但是在 20~24 h 时阻抗值出现上升趋势,表明此时发生腐蚀反应的电阻增加。

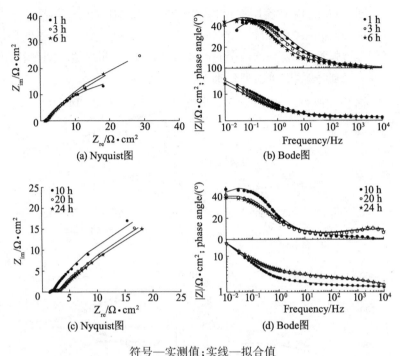

符号—实测值;实线—拟合值

图 3-12 316L 不锈钢在 650 ℃ (0. 62Li, 0. 38K)₂CO₃
共晶盐中腐蚀不同时间后的阻抗谱

3.5.3 腐蚀产物结构和形貌分析

图 3-13 是 FeAl, Ni₃Al(Cr) 涂层与 316L 不锈钢腐蚀 24 h 后的表面腐蚀产物 XRD 分析结果, 可以看到 FeAl 涂层表面主要生成 Fe_2O_3, Al_2O_3 和 Li, Fe 的氧化物。Ni₃Al(Cr) 涂层生成 NiO, Al_2O_3 及 Ni-Cr 尖晶石相。316L 不锈钢表面生成了 Fe_2O_3, Cr_2O_3, Fe-Cr 尖晶石和 Li, Fe 的氧化物。

图 3-14 是涂层与合金腐蚀产物断面形貌。Ni₃Al(Cr) 涂层的腐蚀层出现了图 3-14(a)、(c) 两种形貌。图 3-14(a) 中外层富 NiO, 中间层为 Ni-Cr 尖晶石层, 内层为富 Al_2O_3 相。图 3-14(b) 中氧化膜 Ni-Cr 尖晶石以颗粒状分布, 内层没有形成富 Al_2O_3 相。

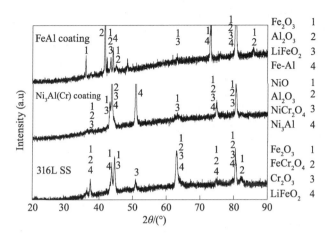

图 3-13　FeAl 涂层、Ni₃Al(Cr) 涂层与 316L 不锈钢在共晶盐中腐蚀
24 h 后表面产物 XRD 谱

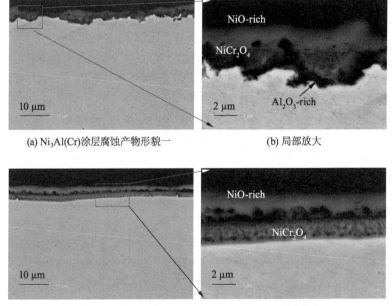

(a) Ni₃Al(Cr)涂层腐蚀产物形貌一　　　　　　(b) 局部放大

(c) Ni₃Al(Cr)涂层腐蚀产物形貌二　　　　　　(d) 局部放大

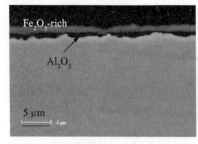 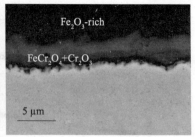

(e) FeAl涂层腐蚀产物形貌　　　　　(f) 316L基体腐蚀产物形貌

图 3-14　涂层与基体在 650 ℃($0.62Li,0.38K)_2CO_3$
共晶盐中腐蚀 24 h 截面形貌

FeAl 涂层表面形成外层为富 Fe 的氧化物,内层为连续的 Al_2O_3 氧化层,如图 3-14(e)所示。316L 不锈钢截面形貌,如图 3-14(f)所示,腐蚀产物外层为富 Fe 的氧化物,内层为富 Cr 的氧化物($FeCr_2O_4 + Cr_2O_3$)。

3.5.4　电化学阻抗谱分析

在测试时间内,316L 不锈钢与 $Ni_3Al(Cr)$,FeAl 涂层腐蚀电化学阻抗谱一直表现出双容抗弧特性,采用双电层电容与氧化膜电容串联的等效电路(图 3-15)拟合。从图 3-10、图 3-11 和图 3-12 可以看到拟合曲线与实测曲线能较好地符合,拟合数据列于表 3-2、表 3-3、表 3-4。

对 $Ni_3Al(Cr)$ 涂层而言(表 3-2),熔盐电阻 R_s 的值保持在 4～5 $\Omega \cdot cm^2$ 之间。荷电粒子在氧化膜中的迁移电阻 R_{ox} 有一个增大过程。界面处电荷转移电阻 R_t 的值小于 R_{ox} 的值,表明合金的腐蚀由荷电粒子在氧化膜中的迁移控制。随着腐蚀时间的延长,R_{ox} 逐渐减小,表明荷电粒子在氧化膜中的迁移阻力减小。

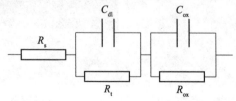

图 3-15　合金涂层在 650 ℃,$(0.62Li,0.38K)_2CO_3$ 腐蚀过程中所适合的
等效电路

表 3-2　$Ni_3Al(Cr)$ 涂层在 650 ℃ $(0.62Li,0.38K)_2CO_3$ 共晶盐中腐蚀不同时间后的阻抗谱拟合数据

$Ni_3Al(Cr)$ coating(316L)	$R_s/$ $\Omega \cdot cm^2$	$Y_{dl}/$ $\Omega^{-1} \cdot cm^{-2} \cdot S^{-n}$	n_{dl}	$R_t/$ $\Omega \cdot cm^2$	$Y_{ox}/$ $\Omega^{-1} \cdot cm^{-2} \cdot S^{-n}$	n_{ox}	$R_{ox}/$ $\Omega \cdot cm^2$
1 h	4.58	1.42×10^{-2}	0.93	0.63	6.11×10^{-2}	0.67	82.6
2 h	4.62	2.15×10^{-2}	0.84	1.00	7.69×10^{-2}	0.73	80.1
3 h	4.66	2.33×10^{-2}	0.81	1.16	9.05×10^{-2}	0.74	105.5
5 h	4.77	2.73×10^{-2}	0.72	1.51	1.06×10^{-1}	0.74	148.9
7 h	4.85	2.95×10^{-2}	0.67	1.76	1.14×10^{-1}	0.73	118.9
10 h	4.99	4.27×10^{-2}	0.55	2.18	1.02×10^{-1}	0.64	105.1
24 h	5.19	8.91×10^{-4}	0.92	1.14	5.81×10^{-2}	0.48	111.5

表 3-3　FeAl 涂层在 650 ℃ $(0.62Li,0.38K)_2CO_3$ 共晶盐中腐蚀不同时间后的阻抗谱拟合数据

FeAl coating(316L)	$R_s/$ $\Omega \cdot cm^2$	$Y_{dl}/$ $\Omega^{-1} \cdot cm^{-2} \cdot S^{-n}$	n_{dl}	$R_t/$ $\Omega \cdot cm^2$	$Y_{ox}/$ $\Omega^{-1} \cdot cm^{-2} \cdot S^{-n}$	n_{ox}	$R_{ox}/$ $\Omega \cdot cm^2$
1 h	3.46	5.87×10^{-3}	0.45	26.1	1.08×10^{-2}	0.62	429.5
3 h	4.75	1.69×10^{-3}	0.79	84.6	3.14×10^{-3}	0.50	1025
5 h	4.43	1.13×10^{-3}	0.74	158.3	4.33×10^{-3}	0.57	1195
9 h	4.42	1.39×10^{-3}	0.64	101.2	3.57×10^{-3}	0.81	914.1
18 h	5.06	8.99×10^{-3}	0.55	92.9	8.96×10^{-3}	0.52	854.8
24 h	4.36	1.26×10^{-2}	0.64	90.5	7.59×10^{-3}	0.49	802.1

　　对于 FeAl 涂层(表 3-3),R_t 和 R_{ox} 值明显大于 $Ni_3Al(Cr)$涂层,这说明 FeAl 涂层比 $Ni_3Al(Cr)$ 具有更优的耐蚀性能,这与腐蚀产物分析结果是一致的。316L 不锈钢的氧化膜电阻 R_{ox} 值与 $Ni_3Al(Cr)$涂层相近,在 20 ~ 24 h 时 R_{ox} 值略有增大。初始电荷转移电阻 R_t 的值较小,在 20 ~ 24 h 时 R_t 值增大。

表 3-4　316L 不锈钢在 650 ℃，$(0.62Li,0.38K)_2CO_3$ 共晶盐中腐蚀不同时间后的阻抗谱拟合数据

316Lss	$R_s/$ $\Omega \cdot cm^2$	$Y_{dl}/$ $\Omega^{-1} \cdot cm^{-2} \cdot S^{-n}$	n_{dl}	$R_t/$ $\Omega \cdot cm^2$	$Y_{ox}/$ $\Omega^{-1} \cdot cm^{-2} \cdot S^{-n}$	n_{ox}	$R_{ox}/$ $\Omega \cdot cm^2$
1 h	2.35	1.04×10^{-1}	0.71	0.24	0.10	0.67	95.48
3 h	2.35	9.14×10^{-2}	0.80	0.27	0.15	0.66	93.20
6 h	2.33	8.62×10^{-2}	0.52	0.38	0.21	0.65	88.81
10 h	2.40	9.55×10^{-2}	0.56	0.39	0.26	0.69	80.94
20 h	2.03	1.25×10^{-2}	0.40	1.83	0.81	0.61	112.3
24 h	2.02	1.08×10^{-2}	0.41	1.96	0.21	0.58	119.7

　　荷电粒子在氧化膜中的迁移电阻 R_{ox} 是表征合金表面氧化膜性能的重要参数。图 3-16 给出了 $Ni_3Al(Cr)$，FeAl 涂层及 316L 不锈钢基体 R_{ox} 随腐蚀时间的变化。FeAl 涂层的 R_{ox} 值最大，316L 不锈钢和 $Ni_3Al(Cr)$ 涂层电阻值相近。在实验周期内，$Ni_3Al(Cr)$ 涂层与 316L 不锈钢没有形成连续致密的 Al_2O_3 或 Cr_2O_3 膜，荷电粒子在氧化膜中的迁移阻力较小，而 FeAl 涂层由于内层连续 Al_2O_3 膜的形成，抑制了金属离子的扩散。

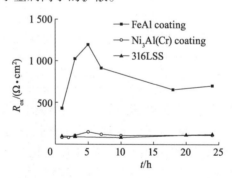

图 3-16　合金在 650 ℃，$(0.62Li,0.38K)_2CO_3$ 共晶盐腐蚀实验中 R_{ox} 随暴露时间的变化

3.5.5　熔融碳酸盐体系中腐蚀机制讨论

　　在熔融碳酸盐体系中，空气中的氧主要以如下两种化学溶解的方式参与阴极反应。

（1）以 O_2^- 参与反应

$$3O_2 + 2CO_3^{2-} = 4O_2^- + 2CO_2 \qquad (3\text{-}1)$$

$$O_2^- + e^- = O_2^{2-} \qquad (3\text{-}2)$$

$$O_2^{2-} + 2e^- = 2O^{2-} \qquad (3\text{-}3)$$

$$O^{2-} + CO_2 = CO_3^{2-} \qquad (3\text{-}4)$$

（2）以 O_2^{2-} 参与反应

$$O_2 + 2CO_3^{2-} = 2O_2^{2-} + 2CO_2 \qquad (3\text{-}5)$$

$$O_2^{2-} + 2e^- = 2O^{2-} \qquad (3\text{-}6)$$

$$O^{2-} + CO_2 = CO_3^{2-} \qquad (3\text{-}7)$$

在金属/熔盐界面会发生阳极反应：

$$M = M^{2+} + 2e^- \qquad (3\text{-}8)$$

$$M + 2O_2^{2-} = 2MO + 2O^{2-} \qquad (3\text{-}9)$$

反应机制如图 3-17 所示。

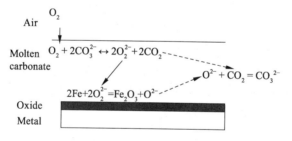

图 3-17　碳酸盐中腐蚀机制示意图

在 650 ℃ 熔融碳酸盐中，虽然 $Ni_3Al(Cr)$ 涂层经过晶粒细化，增加了 Al 的短程扩散通道，但是由于温度较低，Al 活性较小，而且 $Ni_3Al(Cr)$ 中 Al 含量相对较低，只是在部分区域形成 Al_2O_3，不能保持连续性。316L 不锈钢在 24 h 内也没有形成连续的保护性 Cr_2O_3 膜。FeAl 涂层的 Al 含量较高，最终能形成连续的 Al_2O_3 膜，使得涂层的耐蚀性能明显优于 316 不锈钢与 $Ni_3Al(Cr)$ 涂层。

从阻抗谱测试可以看到，在 20～24 h 左右涂层和不锈钢 Bode 图上，阻抗值有一个上升的趋势，通过截面形貌分析，看到腐蚀层/基体界面均生成比外层更具保护性的尖晶石层或 Al_2O_3，Cr_2O_3 层，使离子在氧化膜中的扩散变得更加困难,因此阻抗值增加。通过 XRD 分析,在 FeAl 涂层和 316L 不锈钢的腐蚀层表面存在 $LiFeO_2$,这是由于表面氧化产物与熔盐进一步发生反应。在 650 ℃ 时,Li_2CO_3 和 K_2CO_3 在热力学上存在如下的平衡:

$$A_2CO_3 = A_2O + CO_2 \tag{3-10}$$

发生分解反应吉布斯自由能变化分别为:

$$Li_2CO_3 : \Delta G = 79.994 \ kJ/mol$$
$$K_2CO_3 : \Delta G = 251.598 \ kJ/mol$$

由此计算,在 650 ℃,Li_2CO_3 和 K_2CO_3 摩尔比为 0.62∶0.28 的共晶熔盐体系中,Li_2CO_3 和 K_2CO_3 的活度分别为:$\alpha(Li_2CO_3) = 0.34$;$\alpha(K_2CO_3) = 0.14$。Li_2O 和 K_2O 的活度为 $\alpha(Li_2O) = 6.5 \times 10^{-6}$;$\alpha(K_2O) = 5.5 \times 10^{-15}$。

显然,Li_2O 的活度远远大于 K_2O 的活度,在腐蚀过程中,腐蚀层表面的 Fe_2O_3 会逐渐与 Li_2O 反应,形成含 Li 的复合氧化物:

$$Li_2O + Fe_2O_3 = 2LiFeO_2 \tag{3-11}$$

当合金表面形成非溶性固态氧化物 $LiFeO_2$ 时,由于复合氧化物具有一定的保护性,阻碍离子向外扩散,荷电粒子在氧化膜中的迁移电阻将会增大,合金腐蚀速率趋于减小。这也是 316L 不锈钢在 20～24 h 时阻抗值出现增大的原因。

3.6 本章小结

采用高能微弧合金化技术在 316L 不锈钢表面制备了均匀致密的 Fe_3Al 和 FeAl 金属间化合物涂层。通过控制工艺参数,高能微弧合金化技术能制备均匀致密的 Fe_3Al 和 FeAl 金属间化合物涂层,涂层与基体属于冶金结合。在 900 ℃ 和 1000 ℃ 空气中氧化时,虽然涂层氧化增重均高于对应电极材料,但是涂层表面氧化膜的剥落得到明显抑制。由于涂层中局部缺陷的存在以及合金化过程中不锈钢基体元素的掺杂,使富 Al 氧化膜中出现一些混合氧化物。

在 650 ℃的$(0.62Li,0.38K)_2CO_3$ 共晶盐腐蚀测试中,316L 不锈钢、$Ni_3Al(Cr)$涂层虽然在测试时间内一直保持双容抗弧特性,但是阻抗值较低,内层腐蚀产物主要是尖晶石相,局部区域生成 Al_2O_3 或 Cr_2O_3 氧化膜;FeAl 涂层也表现出双容抗弧特性,腐蚀层内形成了连续的 Al_2O_3 膜。荷电粒子在氧化膜中的迁移电阻 R_{ox}明显大于 $Ni_3Al(Cr)$涂层和316L 不锈钢,相对具有较好的抗熔融碳酸盐腐蚀性能。

第 4 章　Co-10Mn 与 Co-40Mn 合金化涂层特点与高温性能研究

4.1　引言

由于固体氧化物燃料电池（SOFC）的高温工作性质，因此其内部连接体材料同时要求具备良好的机械性能，即同 SOFC 内部其他部件协同的热膨胀匹配系数，304SS 的成分中含有一定量的 Cr 元素，在高温下生成的氧化铬层既可减弱氧元素的扩散速率，又具备同 SOFC 内部组件相匹配的热膨胀系数，利用 304SS 材料作为 SOFC 的连接体是目前该领域研究的重点。

然而，在 SOFC 内部工作环境下长期服役（约 40000 h），连接体的氧化抗性及面比电阻性质会慢慢失效，且在富含氧气与水蒸气的阴极侧，连接体的 Cr 元素会从富铬区向外扩散，导致铬化物层剥离，因此，细化铬化物层及抑制 Cr 元素的扩散就变得尤为重要，通常采用在连接体表面形成一层额外的氧化物层的方法来解决此问题，而在目前所研究的材料里面，$(Co,Mn)_3O_4$ 尖晶石氧化物层最为理想，它在保持了较高的导电性与相匹配的 CTE 系数的同时，明显抑制了 Cr 元素的扩散。

利用高能微弧合金化技术（HEMAA）可制作出无微孔的涂层，且此种方法操作简单、高效，其工作原理类似微弧焊接技术，通过大电流、小电压将电极材料在极短的时间内沉积到基体金属的表面。它是少数几种可行的通过冶金结合的方式制作涂层的方法，且由于沉积时间短，只对基体金属产生很小的热影响区，因此不会损伤基体表面形貌。

通过高能微弧合金化技术制备 Co-Mn 基涂层,研究合金涂层的厚度、成分和结构的变化情况,以及涂层在模拟 SOFC 内部连接体工作环境下的高温氧化抗性。

4.2 Co-40Mn 与 Co-10Mn 合金化涂层的制备与高温性能

使用 304SS 材料作为基体(阴极),将其加工成 15 mm × 15 mm × 5 mm 的小试样,依次用 400#、800# 碳化硅水砂纸打磨表面,并用酒精清洗,以保证基材表面光滑无污染。Co-40Mn 及 Co-10Mn 是在氩气保护下将高纯钴、高纯锰(Co-99. 99%, Mn-99. 99%)通过电弧熔炼的方式制备而成的。之后将其切割成 $R = 3.2$ mm, $L = 10$ cm 的圆柱形,用作 HEMAA 工艺时的阳极。沉积涂层的实验是在智能冷焊修补机的载物台上进行的,期间为了防止基材氧化,在电极棒沉积的同时加以 600 ml/min 流速的氩气保护。沉积过程采用两种不同参数进行,工艺参数见表 4-1。

循环氧化实验的设计是将 Co-10Mn 与 Co-40Mn 的合金涂层在 800 ℃ 的干燥空气中氧化 100 h。首先将管式炉加热至 800 ℃,然后将沉积好的样品放入氧化铝坩埚中,再置于管式炉内的恒温区位置。分别取 5 h,10 h,20 h,40 h,80 h,100 h 为节点,在每个节点将试样取出冷却至室温,称重(带坩埚),称重用精度为 0.01 mg 的电子天平。

表 4-1 HEMAA 工艺沉积 Co-40Mn 和 Co-10Mn 合金两种参数

沉积参数	电压/V	频率/Hz	功率/W	沉积速率/(min·cm^{-2})
P1	60 ~ 100	900 ~ 1500	600 ~ 1000	0.8 ~ 1.2
P2	100 ~ 140	900 ~ 1500	1000 ~ 1600	1.0 ~ 1.4

Co/Mn 合金层在高温氧化 100 h 后,采用四探针法(图 4-1)测其面比电阻(ASR)值。面比电阻的计算公式:$ASR = \dfrac{1}{2}RA$,其中 R

表示测得涂层电阻读数,A 表示一侧铂浆的面积。

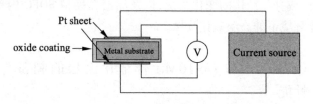

图 4-1　面比电阻测量原理示意图

先将待测样品放入管式炉的恒温区,封闭炉门,然后将管式炉加热至 800 ℃,耗时 1 h,待仪器示数稳定时得出的值即该试样的 ASR 值。为方便分析,在下文的沉积实验中,沉积参数分别采用简写形式,其中 P1 指沉积参数(Parameter)1,P2 指沉积参数(Parameter)2。

4.2.1　Co-40Mn 与 Co-10Mn 合金涂层特点

图 4-2(a)、(b)和图 4-2(e)、(f)表示 Co-40Mn 电极和涂层与 Co-10Mn 电极和涂层的光学显微镜形貌图片,试样均经过 FeCl₃ 腐蚀液刻蚀。由图中可以看出,铸态电极在通过 HEMAA 工艺制作之后形成的涂层,其晶粒尺寸远小于铸件电极本身的晶粒尺寸。图 4-2(b)和图 4-2(f)分别是 Co-40Mn 与 Co-10Mn 合金涂层在垂直于沉积方向的上表面光学显微镜图,相比于图 4-2(a)和图 4-2(e)中的 Co-Mn 电极,涂层晶粒尺寸发生了明显的细化。

图 4-2(c)(d)和图 4-2(g)(h)分别表示 Co-Mn 合金在不同沉积参数(P1)和(P2)下在 304SS 表面形成涂层的截面形貌。图中可明显看出形成了连续的金属涂层,涂层与基体之间呈现出冶金结合的状态,且除了少数细微孔洞外,涂层截面并未出现贯穿裂纹。微孔的形成原因是,由于沉积时微区温度很高,不锈钢基体表面会出现细微的凹凸不平,当电极经过这些表面时,熔化的金属液滴会在表面张力的作用下在其周围很小的区域内形成一定的空隙,这些空隙由于填充了气体而不能被完全熔覆,这种缺陷可以通过不断优化操作实验来减少。

图中可以看出,当采用 P1 沉积 Co-Mn 合金时,涂层厚度在 4～6 μm 之间,当采用 P2 沉积时,涂层的厚度比采用参数 P1 的要厚得多,达到了 25 μm 和 30 μm,且多次沉积观察发现,在相同沉积参数下,Co-10Mn 的涂层厚度要略小于 Co-40Mn。

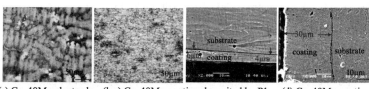

(a) Co-40Mn electrode　(b,c) Co-40Mn coating deposited by P1　(d) Co-40Mn coating deposited by P2

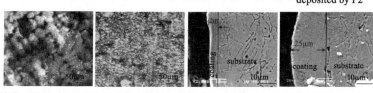

(e) Co-10Mn electrode　(f,g) Co-10Mn coating deposited by P1　(h) Co-10Mn coating deposited by P2

图 4-2　经过 FeCl₃ 溶液腐蚀后的 Co-40Mn 电极与 Co-10Mn 电极在 304SS 表面沉积层的光学显微镜图像

4.2.2　基体金属与 Co/Mn 合金的质量交换

在 HEMAA 工艺中,由不同参数电极旋转所造成的质量转移结果是不同的。Co-Mn 电极在高能微弧合金化沉积过程中作为阳极,而 304SS 基体作为沉积的阴极,两者在涂层制备过程中存在质量相互转移的过程。采用单位面积热消耗量 $Q(\mathrm{J/m^2})$ 对涂层沉积规律进行分析:

$$Q = (\alpha\tau)^{\frac{1}{2}}(T_c - T_0)C\rho \tag{4-1}$$

式中,α 为材料热扩散系数,$\mathrm{m^2/s}$;τ 为加热时间,s;T_c 为临界温度,K;T_0 为环境温度,K;C 为材料比热容,$\mathrm{J/(kg \cdot K)}$;ρ 为材料密度,$\mathrm{kg/m^3}$。

其中材料热扩散系数 $\alpha = \dfrac{K}{\rho C}$,$K$ 为材料导热系数,$\mathrm{W/m \cdot K}$;临界温

度为材料的熔点,环境温度为 20 ℃,放电时间 $T = 80$ μs。

可得到表 4-2 的热力学数据。

表 4-2　基体与电极的热物理系数

材料	K	T/s	T_c/K	T_0	C	ρ	$\alpha/m^2 \cdot s^{-1}$	$Q/J \cdot m^{-2}$	Q_{304SS}
304 SS	16	8×10^{-5}	1673	293	502	7930	4.02×10^{-6}	9.85×10^4	/
纯 Co	100	8×10^{-5}	1768	293	420	8900	2.68×10^{-5}	2.55×10^5	0.39
纯 Mn	7.81	8×10^{-5}	1517	293	480	7200	2.26×10^{-6}	5.69×10^4	1.73

同时也提出了相对热流量 R_Q 的概念,作为电极材料热物理性质对相互间过渡能力影响的评价标准。

$$R_Q = \frac{Q(\text{substrate})}{Q(\text{electrode})} \tag{4-2}$$

相对热流量越大,电极相对于基体的熔化量就越大,电极过渡到基体上的熔滴越多。纯 Co 单位面积热消耗量为 2.55×10^5 J/m^2,纯 Mn 为 5.69×10^4 J/m^2,304SS 为 9.85×10^4 J/m^2,可知 Co 热消耗量最大,相对 304SS 的热流量为 0.39,因此纯 Co 在 304SS 基体上沉积量很小,甚至难沉积,对沉积参数要求更为精确。Mn 热消耗量最小,相对 304SS 热流量为 1.73,理论上更易沉积。添加活性元素生成金属间化合物相后,单位面积热消耗量会比对应的 Co-Mn 电极升高。

根据这种电极的成分比例,在相同沉积参数下,Co-40Mn 应该更易形成熔滴,这表明在相同的参数下,Co-40Mn 电极比 Co-10Mn 电极更易沉积,这可能是导致上文 Co-40Mn 沉积层普遍比 Co-10Mn 沉积层厚度大得多的原因。为了验证这个猜想,我们设定了一组对比试验:使用参数 P1 分别在 304SS 表面 1 cm^2 的面积范围内沉积 Co-40Mn 与 Co-10Mn(图 4-3)。

Co-Mn 电极(阳极)在沉积过程中会出现三种相:固相、液相和气相。在 HEMAA 工艺中,固相是指电极在旋转时与基材在摩擦的机械作用下剥落的部分,这部分不会覆盖在电极表面,但会造成电极材料的损失;而在过热区,合金电极会大量吸收热量,从而汽化形成气相,气相中的一部分会粘结在电极表面,另一部分则挥发到空气中;当合金电极吸收适量的热量时,熔化部分不会转变成气相,而会熔化成液滴状,形成液相,液相的一部分会附着在电极表面,另一部分会附着在基材的表面,只有很少的一部分会进入不锈钢基材深层的缺陷处。综上所述,只有液相中附着在基材表面的那部分会转化成涂层,使基材增重,而且由于在 HEMAA 工艺过程中,电极合金与不锈钢基材之间的质量转移是相互的,因此在某些情况下,基材也会出现一定程度的失重现象。

图 4-3(a)总结了在 HEMAA 工艺中采用参数 P1 沉积电极合金时,沉积的时间对 Co-Mn 合金层质量的影响(1:Co-40Mn,2:Co-10Mn)。由图中可以看出,HEMAA 工艺中的沉积速率对 Co-40Mn 和 Co-10Mn 合金层的质量变化有着很重要的影响,其中 Co-40Mn 的合金层质量变化分为两个阶段:首先以大约 1.5 min·cm^{-2}的速率快速增长,之后随着沉积速率的加快,增重趋于平缓,而 Co-10Mn 的合金层质量变化则相对缓慢,且在相同沉积参数下,Co-10Mn 合金层的增重量比 Co-40Mn 合金层要小得多,两者虽然增重速率不同,但增重曲线走向却是一样的,这说明在 HEMAA 工艺中,不锈钢基材的质量并不是随着沉积的进行而无限制增加的,基材质量的增加在一定时间后会出现极值点,当质量达到此极值点后,随着沉积过程的进行,基材的质量不会再增加。

图 4-3(b)、(c)、(d)是合金涂层制备过程中的电压图,频率和功率对 Co-Mn 合金层质量的影响。由图中可以看出,对于 Co-40Mn 电极,沉积过程中的电压、频率和功率与合金层增重的变化曲线基本呈正相关的关系,只有在频率段出现短暂的质量随频率增加而减少的情况,但是对于 Co-10Mn 电极,其合金层的质量却出现很多随参数加大合金层失重的现象,如图 4-3(c)和(d),这表明当使用参数 P1 沉积 Co-10Mn 合金时,电极以熔滴形式附着在基材上的量要小于基材熔化溅射出去的量,结合上文所述的热能消耗理论可知,当使用参数 P1 沉积时,Co-10Mn 在基材单位面积消耗的热能要多于 Co-40Mn。

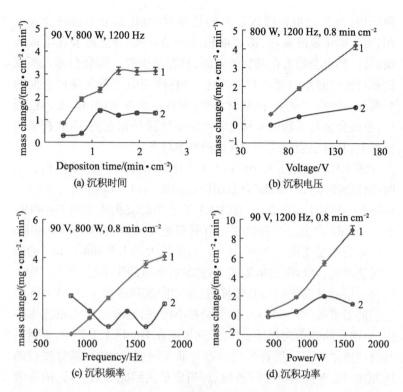

(a) 沉积时间   (b) 沉积电压

(c) 沉积频率   (d) 沉积功率

图4-3   通过 HEMAA 工艺以不同参数在 304SS 试样表面沉积 Co-40Mn(1)和 Co-10Mn(2)合金层的质量转移

4.2.3   合金层试样截面成分及结构分析

HEMAA 工艺是电极与基材之间通过熔滴过渡方式进行内扩散的过程，两者质量的转移是相互的，因此，在涂覆过程中，部分基材原子会熔入沉积涂层，这会引起沉积涂层中 Co，Mn 原子浓度的降低。而且由于元素扩散的相互性，沉积层中 Co 和 Mn 原子也会向基材表面迁移，因此沉积涂层中可检测到 Fe，Ni，Cr 元素，而在基体界面可检测到 Co 和 Mn 的存在。

图4-4 是在不同 HEMAA 工艺参数下，304SS 表面沉积层中 Co，Mn 元素含量的截面分布图，其元素含量通过 EDX 能谱分析测试得到，每个试样的测试均选择不少于 10 个测试点。

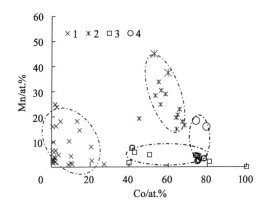

Co-40Mn 涂层(1,2);Co-10Mn 涂层(3,4)

(1 和 3 采用参数 P1 沉积;P2 和 4 采用参数 2 沉积)

图 4-4　304SS 表面 Co-Mn 合金层中 Co 原子和 Mn 原子含量分布图

截面元素分布图显示,在使用参数 P1(图 4-4 中区域 1 和 3)沉积合金时,Co-40Mn 沉积层的 Co 和 Mn 的原子百分含量均小于 30%,而 Co-10Mn 沉积层的 Co 原子含量大致分布在 40%~80% 之间,主要集中在 40%~50% 的范围内,Mn 原子的含量则不到 10%;而当采用参数 P2(图 4-4 中区域 2 和 4)沉积时,Co-40Mn 沉积层中 Co 原子的含量可达 50%~70%,Mn 原子的含量在 15%~45%,Co-10Mn 沉积层中 Co 原子的含量在 70%~80%,而 Mn 原子的含量不到 20%,且集中分布于范围区间的两端区域。

上述现象表明不同沉积参数对沉积层中 Co 和 Mn 元素含量影响很大,且 Co 原子的熔覆率要远高于 Mn 原子。相同实验参数条件下,Co-40Mn 沉积层相比于 Co-10Mn 沉积层,其中的 Co 原子和 Mn 原子的含量要更加均匀化,且使用参数 P2 沉积 Co-10Mn 电极得到的沉积层中 Co,Mn 的含量要多于采用参数 P1 下的含量,尤其是 Mn 元素的含量。

图 4-5 是在不同 HEMAA 工艺参数下,SUS304 表面沉积层的厚度分布,其厚度变化通过 SEM 扫描电镜拍摄截面之后测量统计得到,同样地,每个试样的测试均选择不少于 10 个测试点。

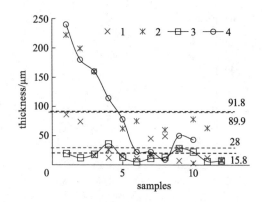

Co-40Mn 涂层(1,2);Co-10Mn 涂层(3,4)

(1 和 3 采用参数 P1 沉积;2 和 4 采用参数 P2 沉积)

图 4-5　不同沉积参数下沉积层的厚度分布统计

统计发现,使用参数 P1 沉积时 Co-40Mn 的沉积层平均沉积厚度约为 28 μm,而对应的 Co-10Mn 的沉积层平均厚度约为 15.8 μm。当使用参数 P2 沉积时,Co-40Mn 的沉积层平均沉积厚度约为 89.9μm,Co-10Mn 的沉积层平均厚度约为 91.8 μm。

由此可知,沉积层厚度可通过调节参数来控制,当沉积功率较小时(如参数 P1),Co-10Mn 在相同沉积参数下比 Co-40Mn 要薄一点。当沉积功率增大时(如参数 P2),Co-10Mn 和 Co-40Mn 涂层的平均沉积厚度相当。

实验中,当采用不同的 Co/Mn 比例及 HEMAA 工艺中不同的参数时,沉积合金层会生成不同的晶体结构,其影响结果通过 XRD 测试表征。

4.2.4　涂层高温氧化性能研究

腐蚀环境的设计参考 SOFC 电池的内部运行环境,腐蚀温度采用 800 ℃,实验分别考察了 Co-10Mn 和 Co-40Mn 电极在 HEMAA 工艺中采用参数 P1 和参数 P2 情况下表面生成化合物的结构及种类,当在 800 ℃ 干燥空气中腐蚀 2 h 和 100 h 时,合金层表面会生成种类不同的氧化物,本节将针对这一问题进行简要分析。

图 4-6(a)显示 Co-40Mn 电极和涂层成分分析。其电极材料

为立方和六方结构的纯 Co 衍射峰。当采用参数 P1 沉积 Co-40Mn 时,涂层以立方结构的 Co 为主;而当采用参数 P2 沉积时,涂层除立方结构的 Co 外,还有少量的 MnO 生成。与纯 Co 的衍射峰相比,Co-40Mn 电极与涂层的衍射峰均向小角度方向偏移,偏移的原因是,Co-40Mn 电极中掺入大量的金属 Mn,使得 Co-40Mn 电极材料偏离纯 Co 衍射峰。而在 HEMAA 制备过程中,Co-40Mn 涂层沉积层中的 CoMn 掺杂部分金属 Fe,随着 Fe 原子浓度的增加,衍射峰也会逐渐向小角度方向偏移,这种偏移将比相应的电极材料更为明显。

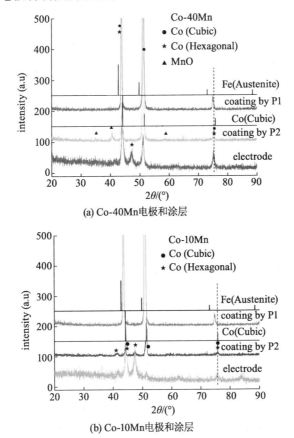

(a) Co-40Mn电极和涂层

(b) Co-10Mn电极和涂层

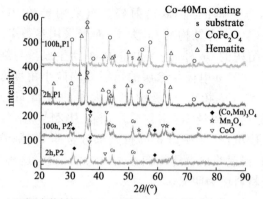

(c) 不同参数制备Co-40Mn涂层在800 ℃空气中氧化2 h和100 h

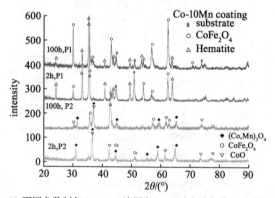

(d) 不同参数制备Co-10Mn涂层在800 ℃空气中氧化2 h和100 h

图4-6 Co-40Mn 和 Co-10Mn 电极材料和不同参数制备的合金涂层 XRD 分析

图4-6(b)显示 Co-10Mn 电极材料为纯 Co 的衍射峰,沉积层也主要是由 Co 的立方结构组成,在参数 P2 的 HEMAA 工艺下,Co-10Mn 的沉积层衍射峰与纯 Co 的衍射峰相匹配;然而当使用参数 P1 时,Co-10Mn 的衍射峰却出现了明显的偏移,这是由于在使用参数 P1 沉积时,掺杂进入涂层的 Fe 浓度增加。

使用参数 P1 沉积时,Co-10Mn 和 Co-40Mn 的合金层在 800 ℃空气中氧化2 h 和 100 h,得到的氧化物涂层是一样的,见图 4-6(c)

和图 4-6(d),涂层主要是由钴铁尖晶石($CoFe_2O_4$)和赤铁矿组成。当采用参数 P2 沉积时,Co-40Mn 和 Co-10Mn 的合金层在800 ℃空气中氧化2 h 之后得到的氧化物层主要由($Co,Mn)_3O_4$,CoO 和 Co 组成,随着氧化时间的延长,在 Co-40Mn 的氧化层中出现了 Mn_3O_4,在 Co-10Mn 的氧化层中出现了大量的钴铁尖晶石。

4.2.5　梯度涂层的制备及其氧化性能研究

所谓梯度涂层,是指在基材与合金沉积层之间预先沉积一层过渡金属(本实验过渡金属采用金属钴),当直接沉积合金时,在 HEMAA 工艺中、后期高温氧化过程中,基材金属与合金层之间的元素扩散会改变涂层的氧化产物,这会影响实验的精度,也可能会造成氧化层缺陷增多,从而严重降低氧化层的高温耐腐蚀性能。梯度涂层可以减少基体元素的影响,改进涂层与基体的结合,同时也可以调整涂层中 Mn/Co 的比例,改善涂层因 Mn 和 Co 元素的扩散而导致的成分分布不均。本节通过沉积不同厚度纯 Co 层作为梯度涂层来简要分析总结过渡层对涂层成分及含量的影响。

图 4-7 是 Co-Mn 电极采用沉积参数 P2 制备涂层时的表面元素分布,样品采用 EDS 能谱分析。与先前讨论一致,涂层表面主要是 Co 和 Mn 元素,Fe,Cr,Ni 含量仅为微量或少量。

对于 Co-40Mn 涂层,加入 Co 梯度层后 Co 含量上升,Mn 含量下降,Mn 和 Co 的元素比例发生了细微变动,因此可通过控制梯度层厚度来设计涂层中 Co/Mn 百分比,由于沉积层中只含有较少量的 Fe,Cr,Ni 元素,因此 Co 梯度层的加入对外层 Fe,Cr,Ni 含量影响较小。对于 Co-10Mn 涂层,梯度层对 Co,Mn 含量影响与 Co-40Mn 中一致,但是相对于 Co-40Mn 沉积层的情况,Co 过渡层对基材表层 Fe,Cr,Ni 元素的含量影响却更为明显,Co 过渡层的加入显著降低了涂层表面基体元素比例。其原因可由上文提到的两电极质量转移规律进行解释。

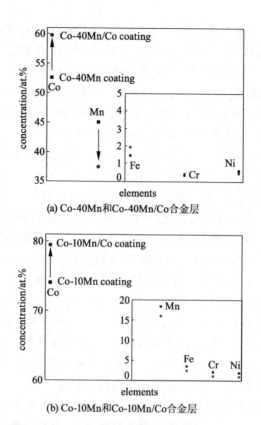

(a) Co-40Mn和Co-40Mn/Co合金层

(b) Co-10Mn和Co-10Mn/Co合金层

图 4-7 **采用参数 P2 在 304 不锈钢表面沉积 Co-Mn/Co 梯度涂层后表面**
Co, Mn, Fe, Cr 元素的含量分布

由于金属 Co 过渡层的加入,合金层中元素的比例发生了明显变化,这种变化必然会对沉积层的氧化过程产生影响,为此我们设计并研究了一系列梯度涂层的氧化实验,着重分析了加入过渡层金属 Co 后,氧化层的形貌及元素含量的变化。

对梯度涂层进行初期氧化实验,合金层后期高温氧化所得到的钴锰尖晶石层在高温下的热膨胀系数(TEC)与基材金属较为匹配,但在常温下,氧化产物与金属基体的线膨胀系数却存在较大的差异,因此,在由高温冷却至室温的过程中,即便采用冷却速度最慢的随炉冷却,氧化层也会产生大面积的剥落现象。相比于未剥落区,剥落区氧化层疏松多孔,缺陷更多。

表 4-3 是 Co-40Mn 涂层加入不同厚度 Co 中间层在 800 ℃空气中氧化 2 h 及 4 h,对未剥落区(A1)和剥落区(A2)两区域元素成分进行分析所得数据。所有梯度涂层最外层氧化物中 Fe,Cr,Ni 含量都很低,主要为 Co 和 Mn 氧化物,这是由于 Fe,Cr,Ni 元素只存在于基体金属中,在高温氧化过程中,这些元素扩散距离有限,因此并不能在表层观测到这些元素的氧化产物,而在剥落区,Fe,Cr,Ni 含量明显高于未剥落区,Mn 含量相对升高,但 Co 和 O 的含量降低,Co 过渡层的加入改变了 Co 元素在垂直方向上的浓度差,而 Mn 元素比 Co 元素更易扩散,尤其是在金属中,所以 Co 元素的扩散量相对减少,而 Mn 元素的扩散量则相对增多。

由表 4-3 数据可以看出,Co 中间层厚度对 A1 区域元素浓度无明显影响,但是却明显降低了 A2 剥落区 Fe 和 Cr 元素的百分含量,这表明 Co 过渡层的存在抑制了基体元素向涂层扩散的趋势。

表 4-3　Co-40Mn 梯度涂层在 800 ℃空气中氧化 2 h 及 4 h
未剥落区(A1)和剥落区(A2)元素分布数据

含量/at. %		Co	Mn	Fe	Cr	Ni	O
	(a)	64.18	15.07	0.37	0.26	0.33	19.79
	(b)	67.11	18.03	0.64	0.18	0.42	13.61
区域1(A1)	(c)	65.61	22.94	0.87	0.27	0	10.31
	(d)	63.97	19.60	0.63	0	0.28	15.51
	(e)	68.21	16.59	0.38	0.04	0.18	14.60
	(a)	45.06	19.27	13.11	6.28	0.57	15.72
	(b)	53.27	28.45	4.71	2.54	0.82	10.21
区域2(A2)	(c)	66.44	14.30	5.32	2.10	0.56	11.28
	(d)	58.54	29.00	3.81	0.37	0	8.28
	(e)	54.96	33.82	0.80	0.67	0.50	9.26

表 4-4 是 Co-10Mn 梯度涂层在 800 ℃空气中氧化 2 h 及 4 h 元素分布。相比于 Co-40Mn 梯度涂层,所有 Co-10Mn 梯度涂层的外氧化层剥落明显减少,这种现象表明,Co-10Mn/Co 梯度涂层在高

温氧化之后形成的氧化层与基体金属之间的热膨胀系数更加匹配。而当延长氧化时间至 4 h 时,涂层试样冷却时的氧化层剥落现象加剧。两区域元素浓度分析表明,当采用与 Co-40Mn/Co 涂层相同的氧化参数时,所有梯度涂层最外层氧化物中 Cr 和 Ni 含量较低,而 Fe 含量则略高于同等条件下的 Co-40Mn/Co 涂层。但 Co-10Mn/Co 氧化层剥落区的 Cr,Ni 含量有所升高,而 Co 含量下降,Fe 含量出现急剧升高。总体而言,Co-40Mn 梯度涂层剥落区富 Mn,Co-10Mn 梯度涂层剥落区富 Fe。

表 4-4　Co-10Mn 梯度涂层在 800 ℃空气中氧化 2 h 及 4 h 元素分布
未剥落区(A1)和剥落区(A2)

含量/atom%		Co	Mn	Fe	Cr	Ni	O
区域 1（A1）	(a)	74.80	2.21	3.71	0.18	0	19.19
	(b)	78.26	3.32	2.60	0	0	16.71
	(c)	100	0	0	0	0	0
	(d)	75.63	4.24	3.42	0.16	0.51	16.04
区域 2（A2）	(a)	39.99	1.68	30.99	2.96	3.08	21.31
	(b)	41.58	7.60	27.65	0.44	0.54	22.20
	(c)	75.48	2.63	9.47	0.33	4.51	7.57
	(d)	42.82	5.80	30.07	2.36	1.83	17.11

4.2.6　Co-Mn 合金层的氧化动力学

图 4-8 为 Co-40Mn、Co-10Mn 涂层和 304SS 在 800 ℃空气中氧化 100 h 时氧化动力学分析。利用参数 P2 在基材(304SS)表面沉积 Co-40Mn 和 Co-10Mn 涂层的样品,其氧化增重比没有涂层的基材大,而当采用参数 P1 沉积时,涂层试样的增重是小于基材增重的,说明其氧化物的厚度及生长速率小于基体材料。使用参数 P2 沉积的涂层,在腐蚀结束后的冷却过程中,上层氧化物层发生部分碎裂,氧化层的碎裂主要是由于涂层与 304SS 线膨胀系数差异较大所致。使用参数 P2 沉积的涂层增重较大,主要为金属 Mn 快速氧化产生。

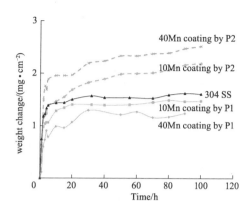

图 4-8　Co-40Mn,Co-10Mn 涂层和 304SS 在 800 ℃空气中氧化 100 h 时氧化动力学曲线

4.2.7　Co-Mn 氧化层的面比电阻

钴锰合金层在高温氧化之后,表面可形成尖晶石结构的金属复合氧化物,虽然这种氧化物层具有优良的导电性能,但相比于作为连接体的基体不锈钢,其导电性有限,属于导电陶瓷范畴,而且在高温氧化过程的升温与冷却阶段,基体表面的氧化层会发生相变,氧化层的结构处在不断变动之中,这些现象都会导致氧化层面比电阻的增加,为了避免这些不稳定过程对实验结果造成影响,在实际操作过程中,先将试样在 800 ℃温度中稳定 1 h 以上,再采集实验结果。

图 4-9 表示使用不同参数沉积的 Co-Mn 合金层在 800 ℃下氧化 100 h 的 ASR 值,测试范围自室温至测试温度 800 ℃,然后保持 2 ~ 3 h。通过参数 P1 沉积的合金层,Co-40Mn 氧化后的面比电阻值为 46 mΩ · cm^{-2},比 Co-10Mn 沉积层氧化后的面比电阻值略大。当采用参数 P2 沉积 Co-40Mn 时,由于氧化层部分剥落,其在 800 ℃下出现的 ASR 最低值为 20 mΩ · cm^2。在目前的研究中,在 SUS304 表面沉积 Co-Mn 合金层,在 800 ℃氧化 100 h 后的 ASR 值范围在 20 ~ 46 mΩ · cm^2,这显然远小于 SOFC 中连接体可接受的上限 ASR 阈值 100 mΩ · cm^2。然而得出的 ASR 范围值仍旧大于

相关文献给出的尖晶石涂层的 ASR 值,这可能是由于涂层成分和厚度的差异。

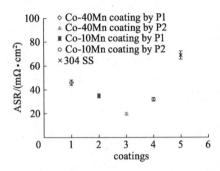

图4-9 304SS 表面不同沉积参数下沉积 Co-Mn 合金层在 800 ℃干燥空气中氧化 100 h 后的面比电阻值

本实验分别在不同氧化时间及不同温度下研究了 Co-Mn 涂层高温性能,结果显示 HEMAA 工艺中参数的不同,涂层的行为,尤其是阴极气体的扩散对氧化物作用的影响是复杂的,在这些因素共同作用下,氧化物中除了会形成立方晶格结构的(Co, Mn)O 固溶体外,还形成了(Co, Mn)$_3$O$_4$ 尖晶石结构。

而相应的 Co-Mn 合金层在 1×10^5 Pa 氧分压下在 750 ℃ ~ 850 ℃温度范围内氧化 2 ~ 15 h 时的氧化层出现分层现象,并模拟揭示了涂层在氧化过程中的元素扩散趋势,氧化过程示意图见图4-10。

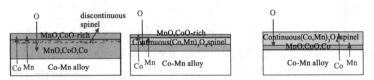

图4-10 Co-Mn 合金层在 1×10^5 Pa 氧分压下在 750 ℃ ~ 850 ℃温度范围内氧化 2 ~ 15 h 时的氧化层分层结构图

实验表明:单一的(Co, Mn)O 氧化物层不能阻止基体及涂层的氧化和元素间的互扩散,而连续的(Co, Mn)$_3$O$_4$ 氧化物层则会产生抑制作用;相反地,在相同的氧化速率下,不连续的(Co, Mn)$_3$O$_4$

氧化物层无法抑制阴极扩散。

随着 Mn 含量的增加,涂层在氧化过程中会首先形成孤立的尖晶石颗粒,进而形成连续的尖晶石氧化层。最初孤立的尖晶石会在氧分压相对较高的区域形成,例如氧化物的最外侧。

在本实验中,当采用参数 P1 沉积 Co-Mn 合金时,尽管 Co-40Mn 电极中含有较高含量的 Mn 元素,但沉积层中却只有少量的 Mn,这是由于 HEMAA 工艺中的质量转移特性造成的,因此后期氧化层的主要成分是 $(Co, Fe)_3O_4$。通过 X 射线衍射分析比较氧化 2 h 和氧化 100 h 后氧化层的成分表明,在热处理过程中并未出现基体中 Fe 和 Cr 元素大量外扩散现象,随着沉积试样在 800 ℃ 空气中氧化时间的延长,在基材与涂层界面处也没有形成新的微孔。当通过参数 P2 沉积 Co-Mn 合金层时,合金层中 Fe,Cr,Ni 元素的含量很少,Co-Mn 涂层在后期氧化过程中的元素扩散情况与同等条件下 Co-Mn 合金电极在氧化中的元素扩散情况相似。

4.3　Co-Mn-La 基尖晶石涂层的设计与高温复合性能研究

钴锰涂层具有与其他 SOFC 内部组件相匹配的 CTE 和可接受的导电性。为了改善钴基涂层的抗高温氧化性并延长 SOFC 系统的使用寿命,可将其与活性元素结合使用。活性元素掺入合金涂层中会对高温氧化后的涂层产生不同的影响,如选择性氧化增强,主要的转变机制发生改变,Cr_2O_3 氧化物在基材与涂层界面的生长率会减小,有效地抑制孔洞的形成以及增强涂层与基材的黏附性等,从而提高连接体防护涂层高温抗氧化的稳定性。Gavrilov 在铁素体不锈钢上通过磁控溅射沉积了 Mn-Co-Y-O 涂层。热重测试显示添加了 1.4at.% Y 的尖晶石涂层,降低了 AISI430 和 Crofer 22 APU 钢的氧化速率。Magras 通过 PVD 工艺制备了用于金属连接体的 Ce/Co 涂层。结果表明,Ce/Co 涂层有着较强的高温抗氧化能力并且 ASR 有显著的降低。Harthøj 电镀 Co/CeO_2 复合涂层,结

果表明 CeO_2 作为离散颗粒存在于外部氧化层中,并且涂覆样品的 Cr 氧化层的厚度和氧化速率显著降低。CeO_2 掺杂的 $(Co,Mn)_3O_4$ 涂层通过电解共沉积在合金基底上合成,CeO_2 掺杂显著降低了涂层/衬底界面处的 Cr_2O_3 氧化皮生长,并且还提高了与合金连接体接触的阳极电池的稳定性。

因此本实验通过高能微弧合金化工艺将掺杂的 Co-38Mn-2La 和 Co-40Mn 合金电极沉积在 430SS 基材上得到合金涂层,并研究其结构组成、高温氧化特性和在 800 ℃ 空气氛围下的电特性。通过对比不同的合金涂层,研究 La 稀土元素的活性效应是否能进一步提高涂层的高温抗氧化性和增强涂层与基材的黏附性。

将经过表面清洗后的高纯金属 La,Mn,Co 金属小块(纯度均为 99.99%)按 Co-38Mn-2La,Co-40Mn(at.%)进行配比,得到圆柱形 Co-38Mn-2La,Co-40Mn 合金电极。在沉积过程中通入氩气流量值为 30 l/min。当金属基材六面均沉积涂层后,调节设备参数为低电压、低功率、高频率,进行重熔,使得沉积后的涂层表面平整性较好,沉积参数以及涂层表面平整性修复参数见表4-5。

表4-5　HEMAA 工艺沉积 Co-38Mn-2La 和 Co-40Mn 合金电极参数

电极	涂层	电压/V	频率/Hz	功率/W	沉积速率/(min·cm^{-2})
Co-38Mn-2La	Inner	170	1600	1330	1~1.2
	surface	156	2100	330	4~4.4
Co-40Mn	Inner	170	1600	1000	0.8~1
	Surface	156	2100	330	4~4.4

4.3.1　Co-Mn 合金浓度与氧分压设计

当 $Mn_xCo_{3-x}O_4$ 尖晶石中 Mn 浓度 $x=0~3$ 时,可形成的尖晶石氧化物有 Co_3O_4,$MnCo_2O_4$,$Mn_{1.5}Co_{1.5}O_4$,Mn_2CoO_4,Mn_3O_4 等,都具有很好的铬离子外扩散抑制性能。但是 Co_3O_4,Mn_2CoO_4 和 Mn_3O_4 热膨胀系数分别为 $9.3×10^{-6}$ K^{-1},$7×10^{-6}$ K^{-1} 和 $8.8×10^{-6}$ K^{-1},与所需的铁素体 $11~12×10^{-6}$ K^{-1} 热膨胀系数存在差

异。而涂层高温电导率随 Mn 浓度升高出现先增加后减小的趋势，如 Co_3O_4 为 6.7 S/cm，$MnCo_2O_4$ 达到 60 S/cm，$Mn_{1.5}Co_{1.5}O_4$ 略低，Mn_3O_4 则降为 0.1 S/cm，因此需优选沉积电极中 Co-Mn 的合金浓度。另外，制备的合金涂层，在热生长/氧化过程中要转化为性能优异的尖晶石层，除受制于涂层成分、厚度、制备方法等因素，也受制于热生长过程中的氧分压、温度等因素。

　　Gesmundo 早期研究 CoMn 铸态合金高温氧化揭示，高 Mn 合金在 850 ℃ 和 10^5 Pa 氧分压下氧化 5 h 以上，可生成连续的尖晶石氧化层，且随时间延长尖晶石层厚度增加。而当 Mn 含量降低时，生成连续尖晶石层的温度将升高，如 950 ℃，且延长氧化时间才能得到尖晶石氧化物层。图 4-11 是 Co-40Mn 合金(高 Mn 合金)分别在 750 ℃和 850 ℃不同氧分压(10^4 Pa 和 10^5 Pa)下氧化 5 h 的物相分析。结果表明在 850 ℃两种氧分压下，Co-40Mn 合金表面主要氧化产物均为立方 Co_3O_4 氧化物，表明当温度较高时，升高氧分压对产物组分影响不明显。在 750 ℃时不同氧分压 10^5 Pa 和 10^4 Pa 下，Co-40Mn 合金表面主要氧化产物与 850 ℃时差异明显，发现了 $(Co，Mn)_3O_4$ 尖晶石和不同价态 Mn 的氧化物，其中 $(Co，Mn)_3O_4$ 是基于立方 $MnCo_2O_4$ 与四方 Mn_3O_4 尖晶石之间的产物，Mn 含量相比 $MnCo_2O_4$ 较高。而相对低的氧分压下(10^4 Pa)时，Mn 的氧化物主要为低价态如 MnO，而增加氧分压(10^5 Pa)，则主要生成高价态 Mn_3O_4。由此表明适当降低氧化温度，氧化物组分受氧分压影响明显，尤其在氧化初期。

　　图 4-12 显示在 750 ℃不同氧分压为 10^5 Pa 和 10^4 Pa 下氧化 5 h 后，Co-40Mn 和 Co-10Mn 合金表面形貌分析。Co-40Mn 合金在两种氧分压下产物相似，表面均生成富 Mn 和富 Co 的氧化物，但是两者形貌差异明显，高氧分压会促进晶粒的生长。Co-10Mn 合金在 750 ℃不同氧分压下表面仅生成 Co 氧化物，见图 4-12(b)和 4-12(d)，且不同氧分压下 Co 氧化物也存在形貌差异，在 10^5 Pa 高氧压下，微孔均匀弥散在氧化物中。

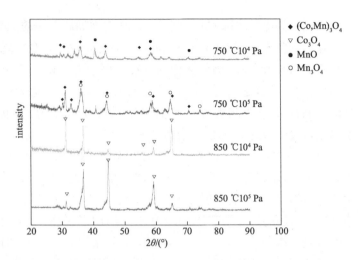

图 4-11　Co-40Mn 合金分别在 750 ℃和 850 ℃不同氧分压 10^4 Pa 和 10^5 Pa 下氧化 5 h 物相分析

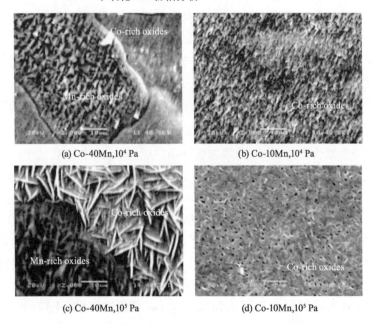

图 4-12　Co-40Mn 和 Co-10Mn 合金在 750 ℃不同氧压 10^5 Pa 和 10^4 Pa 下氧化 5 h 表面形貌分析

有研究表明,制备纯 Co, Mn10Co90, Mn20Co80, Co50Mn50, Mn40Co60(原子百分比)合金涂层,当 Mn 含量不足 20% 时,热生长后是富 Co_3O_4,CoO 的混合氧化物,而高于 40% 时仅生成富 Mn_3O_4 的混合氧化物。

由此可见,要在固体氧化物燃料电池服役温度(600 ℃ ~ 850 ℃)与氧化环境中(潮湿空气或氧气)得到稳定 Co-Mn 尖晶石相,Co-Mn 电极中 Mn 含量优选 30 at. % ~ 40 at. %,本节设计为 Co-40Mn 和 Co-38Mn-2La 合金电极。

4.3.2　Co-Mn-La 涂层结构与高温氧化行为

图 4-13 为 Co-38Mn-2La 合金(电极)形貌及 Co-40Mn 和 Co-38Mn-2La 涂层的表面、截面形貌。

图 4-13(a)为 Co-38Mn-2La 电极的微观结构,显示合金电极是由 Co 基固溶体和富 La 相组成的双相结构,富 La 相优先在晶界处析出,其浓度可达到约 10.82 at. %。

从图 4-13(c)可知,用 HEMAA 工艺所制备的合金涂层整体较为均匀且致密,Co-38Mn-2La 和 Co-40Mn 涂层表面没有发现明显的裂纹或孔洞缺陷,合金涂层的表面有飞溅区域和溅射颗粒。通过表面的 EDS 分析可知,Co-38Mn-2La 涂层中 Co 和 Mn 的原子百分含量(at. %)约为 59.76 %,37.5%,Co-40Mn 涂层中两值约为 59.84%,39.38%。除此之外,在合金涂层中同时还检测到微量的 Fe 和 Cr 元素,这是由于在运用 HEMAA 工艺沉积涂层时,涂层与 430SS 基材之间发生元素置换的结果。

图 4-13(b)、(d)为 Co-40Mn 和 Co-38Mn-2La 合金涂层的截面形貌,结果表明,两种合金涂层通过冶金结合成功在不锈钢基体形成了连续层。虽然两种合金涂层中都存在一些细小的缺陷,如微孔,却未观察到有贯穿性裂纹存在于涂层之中,涂层整体较为致密。

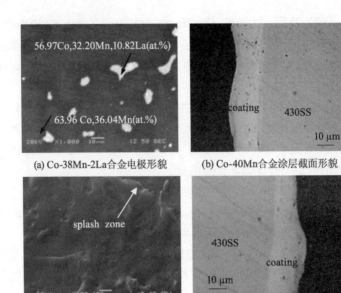

(a) Co-38Mn-2La合金电极形貌　　(b) Co-40Mn合金涂层截面形貌

(c) Co-38Mn-2La合金涂层表面　　(d) Co-38Mn-2La合金涂层截面形貌

图4-13　Co-38Mn-2La 合金电极形貌及 Co-40Mn 和

Co-38Mn-2La 合金涂层的表面、截面形貌

图4-14 是 Co-40Mn 和 Co-38Mn-2La 涂层在 750 ℃空气中氧化 20 h 后的表面形貌,分别为少量典型的尖晶石氧化物形貌和多孔氧化物形貌,结合后续的物相分析(图4-15),分别为 $(Co,Mn)_3O_4$ 和 Co_3O_4。其中 Co_3O_4 为主要氧化产物,其微孔形貌与低 Mn 铸态合金在 10^5 Pa 氧压下氧化物类似,见图4-12(d),微孔的尺寸与富 Co 氧化物中 Mn 的浓度相关,随着 Mn 浓度的增加,微孔孔径将会减小。Co-38Mn-2La 涂层在 750 ℃空气中氧化 20 h 后产物与 Co-40Mn 涂层相似,也是以多孔 Co_3O_4 为主,并生成少量的 $(Co,Mn)_3O_4$ 尖晶石。但是 Co_3O_4 氧化物形貌却存在明显差异,局部区域生成瘤状 Co_3O_4,见图4-14(c),分析两种涂层富 Co 区的元素浓度(表4-6),两者 Co 和 Mn 浓度相似,Mn 浓度均较低,约为 5 at.% ~ 6 at.%,而形貌出现明显差异的原因,可能由于局部区域稀土元素 La 的富集所致,这种现象也出现在稀土元素 Dy 掺杂的 Co-Mn 涂层中。

(a) Co-40Mn涂层

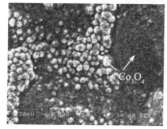

(b) Co-38Mn-2La涂层

(c) Co-38Mn-2La涂层局部放大

图 4-14　Co-40Mn 涂层和 Co-38Mn-2La 涂层在 750 ℃
空气中氧化 20 h 后的表面形貌

Co-40Mn 和 Co-38Mn-2La 涂层在 750 ℃ 空气中氧化 100 h 后，两种涂层表面氧化物形貌无明显差异，均演变为针状微孔的 Co_3O_4 和晶粒长大的 $(Co, Mn)_3O_4$ 尖晶石，而 $(Co, Mn)_3O_4$ 已知是 Mn 浓度高于 $MnCo_2O_4$ 尖晶石的立方尖晶石相，根据成分分析可知，生成尖晶石相 Co 与 Mn 浓度比约为 1∶1。氧化 100 h 后的针状 Co_3O_4 成分与 20 h 时相似，Mn 浓度无明显变化，Co_3O_4 区和 $(Co, Mn)O_4$ 尖晶石区具体元素浓度见表 4-6。

表 4-6　氧化产物部分区域的 EDS 分析

元素浓度/at.%		Co	Mn	Fe	Cr	La	O
20 h	区域1	35.5	5.6	—	—	—	58.9
	区域2	37.2	5.2	—	—	—	57.5
100 h	区域3	36.5	5.3	—	—	—	58.1
	区域4	25.6	22.5	—	—	—	51.9
	区域5	43.4	5.4	—	—	—	51.2
	区域6	15.5	17.9	—	—	—	66.6

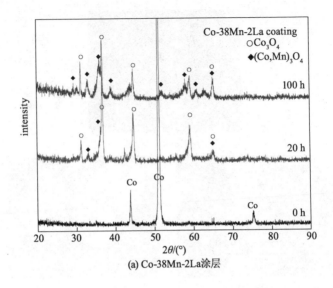

(a) Co-38Mn-2La涂层

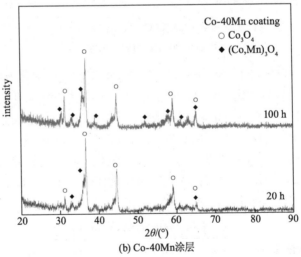

(b) Co-40Mn涂层

图 4-15　Co-38Mn-2La 和 Co-40Mn 涂层在 750 ℃空气中氧化
20 h 和 100 h 后的产物 XRD 分析

图 4-15 是 Co-38Mn-2La 和 Co-40Mn 涂层在 750 ℃空气中氧化 20 h 和 100 h 后的产物分析。在氧化之前（0 h），通过对沉积后的

Co-38Mn-2La 涂层的 XRD 分析可知,为立方 Co 的衍射峰,但相比于纯 Co,衍射峰略向小角度偏移,这是由于 Mn 与 Co 形成固溶体。氧化 20 h 后,主要为 Co_3O_4 衍射峰,夹杂少量的 $(Co,Mn)_3O_4$,随着时间的延长,$(Co,Mn)_3O_4$ 尖晶石衍射峰增强,与图 4-14 形貌分析一致,因此增加涂层在 750 ℃ 空气中的氧化时间是促进 Co-40Mn 和 Co-38Mn-2La 涂层中尖晶石相生长的。

图 4-16 是 Co-38Mn-2La 涂层在 750 ℃ 空气中氧化 100 h 截面形貌与产物分析。从图 4-16(b) 可知氧化层致密,与 430SS 基体界面结合紧密,涂层氧化物层的平均厚度约为 64 μm。前面分析显示,涂层会出现两种表面形貌,分别为富 Co 氧化物层和 $(Co,Mn)_3O_4$ 尖晶石层。图 4-16 中(a)、(b) 分别为两种表面所对应的截面形貌。图 4-16(a) 显示,表面 Co_3O_4 层非常薄,其下层为富 Mn 氧化物薄层,再下层则为 CoMn 复合氧化物层。图 4-16(b) 结合线扫描显示,表层 $(Co,Mn)_3O_4$ 尖晶石中 Mn 含量略高,Co 在氧化层中分布均匀,其中截面形貌中局部析出的亮相为富 La 氧化物聚集相。基体中 Fe 元素高温下向氧化层外扩散,但外层 $(Co,Mn)_3O_4$ 尖晶石相中 Fe 浓度较低,而元素 Cr 的外扩散不明显,仅仅在氧化层/基体界面出现 Cr 的聚集,生成薄的界面 Cr_2O_3 层。表 4-7 具体分析了 Fe 在不同深度氧化层中的浓度分布,在点 1 区,即 $(Co,Mn)_3O_4$ 尖晶石区,Fe 浓度约为 1.38at.%,而在点 2 区 Fe 的浓度急剧升高达到 16.43at.%,点 3 区中 Fe 的浓度又下降。由于高能微弧合金化制备涂层过程中电极与基体间会出现互熔与元素交换,因此合金涂层中会存在一定量的基体元素,再者涂层高温氧化过程中,基体元素也会通过界面扩散进入涂层,导致涂层中存在一定量的 Fe 和 Cr,但是随着氧化过程中界面 Cr_2O_3 氧化物的生成,将会阻止基体中 Fe 和 Cr 进一步外扩散。而 Fe 的浓度在点 2 区高于点 1 区,暗示 $(Co,Mn)_3O_4$ 尖晶石层抑制了 Fe 元素进一步向外表面的扩散,使其聚集在尖晶石层下。

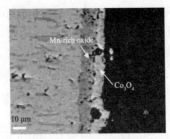

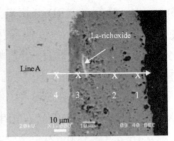

(a) 表面富Co层对应截面   (b) 表面尖晶石层对应截面

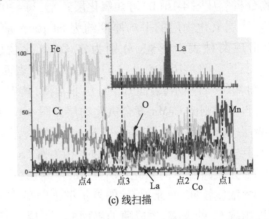

(c) 线扫描

图 4-16   Co-38Mn-2La 涂层在 750 ℃空气中氧化 100 h 后截面形貌与线扫描

表 4-7   图 4-16 中指定区域的 EDS 成分分析

点/at. %	Co	Mn	Fe	Cr	La	O
1	11. 75	35. 39	1. 38	–	–	51. 58
2	16. 08	10. 32	16. 43	1. 69	–	55. 47
3	24. 96	12. 99	3. 63	3. 63	–	54. 79
4	4. 73	–	80. 28	15	–	–

    图 4-17 是 Co-40Mn 涂层在 750 ℃空气中氧化 100 h 的截面形貌与线扫描。图 4-16 已经分析了表面层为尖晶石时对应的涂层截面,因此图 4-17 将重点分析表面层为 Co_3O_4 时对应的截面组织结构。图 4-17 放大区域形貌显示,氧化物最外层为连续富 Co 层,第

二层为连续富 Mn 层,内层为 CoMn 复合氧化层,其中亮相富 Mn、暗相富 Co(由背散射衬度计算),如指定区域点 1 和点 2。线扫描结果显示,最外富 Co 层较薄,富 Mn 层次之,内层 Co 和 Mn 分布相对均匀,氧化层局部区域富 Fe(点 4),而 Cr 浓度在氧化层一直保持较低浓度(表 4-8)。Co-40Mn 涂层对元素 Fe 和 Cr 的抑制作用与 Co-38Mn-2La 涂层相似。

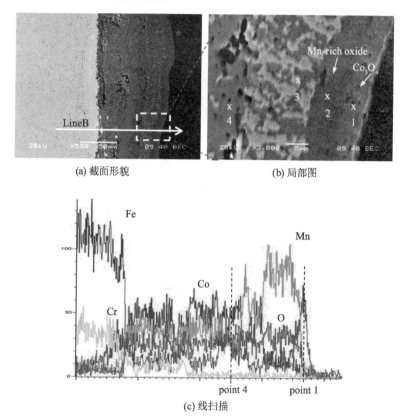

(a) 截面形貌   (b) 局部图

(c) 线扫描

图 4-17   Co-40Mn 涂层在 750 ℃空气中氧化 100 h 后的截面形貌与线扫描

表 4-8   图 4-17 中指定区域元素浓度 EDS 分析

点/at. %	Co	Mn	Fe	Cr	O
1	29.1	7.0	–	–	63.9
2	6.9	37.2	1.9	–	54.1
3	34.6	16.4	–	–	49.0
4	10.9	9.5	23.1	–	56.5

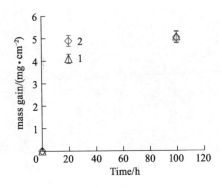

1 – Co-38Mn-2La;2 – Co-40Mn。

图 4-18   Co-38Mn-2La 和 Co-40Mn 涂层在 750 ℃空气中氧化 20 h 和 100 h 后的质量增重

图 4-18 为 Co-38Mn-2La 和 Co-40Mn 涂层在 750 ℃空气中氧化 20 h 和 100 h 后的质量增重。由图可知,Co-38Mn-2La 涂层氧化 20 h 后的质量增重约为 4.1 mg·cm^{-2},而 Co-40Mn 涂层氧化 20 h 后的质量增重高于 Co-38Mn-2La 涂层,约为 4.89 mg·cm^{-2}。当氧化时间延长到 100 h 后,Co-38Mn-2La 涂层和 Co-40Mn 涂层的质量增重相接近,约为 4.93 mg·cm^{-2}。在氧化初期 La 的加入将会减少合金涂层氧化增重,而随着时间的延长,Co-38Mn-2La 和 Co-40Mn 涂层增重最终趋于一致。

4.3.3   Co-38Mn-2La 复合涂层的高温导电性能

图 4-19 是 Co-38Mn-2La 涂层在 750 ℃空气中氧化 100 h 的表面拓扑结构,常规的高能微弧合金涂层表面是粗糙的,随着高温氧化膜的生成,其表面相对光滑。以 Co-38Mn-2La 涂层为例,制备初

期涂层的算术平均粗糙度(S_a)的值约为 7.21 μm,在 750 ℃氧化 20 h 后 S_a 值约为 6.34 μm,而氧化 100 h 后 S_a 值约为 5.53 μm。涂层的高温导电性能测试主要体现于高温面比电阻测试,其表面粗糙度将会影响到与 Pt 电极片之间的接触电阻,因此接触面采用 Pt 浆连接。

图 4-19 Co-38Mn-2La 涂层在 750 ℃空气中氧化 100 h 的表面拓扑结构

图 4-20 是 Co-40Mn 和 Co-38Mn-2La 涂层在 750 ℃空气中分别氧化 20 h 和 100 h 后在 500 ℃ ~ 800 ℃间高温面比电阻(ASR)演变曲线。首先所有电阻值演变趋势为随温度升高,电阻值逐渐减小,这是典型的半导体氧化物随温度演变的特点,符合 Co-Mn 基尖晶石电阻温度演变特性。ASR 值反映的是热生长氧化膜与厚度及电导率之间的关系,因此膜厚与膜的组织结构将直接决定 ASR 的演变。Co-40Mn 和 Co-38Mn-2La 涂层在 500 ℃ ~ 800 ℃,ASR 值随着氧化时间延长而升高,即 100 h 后的 ASR 值均高于相应 20 h 后的值,主要原因是氧化膜厚度增加,但是在 800 ℃时,Co-38Mn-2La 涂层在 100 h 时的面比电阻接近 20 h 时电阻值(如放大图中线 3 和 4),而图 4-20 已经揭示 Co-38Mn-2La 涂层在 100 h 的氧化增重是更大的,这说明影响此时面比电阻的主要因素应该是氧化膜组织结构的改变,如导电性更好的尖晶石相的生成,这与上述物相分析结果一致。在相对低温如 500 ℃ ~ 600 ℃时,Co-40Mn 涂层的电阻值最大(如线 1 和 2),随温度升高至固体氧化物燃料电池工作温度达(700 ℃ ~ 800 ℃)时,两种涂层的电阻均快速下降,而 Co-38Mn-2La 涂层的电阻值在整个温度区间一直低于 Co-40Mn 涂层在 20 h 时

的值,显示 La 对于改善 Co-Mn 基涂层的电阻非常有效,到 800 ℃时 Co-38Mn-2La 涂层氧化 100 h 的面比电阻值约为 24 mΩ·cm²,这也从侧面揭示继续延长涂层的氧化时间对氧化物组织结构与电性能影响的研究非常有意义。

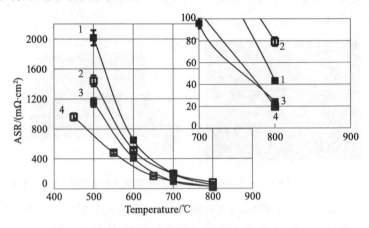

$1 - Co - 40Mn, 20h; 3 - Co - 38Mn - 2Lo, 20h;$

$2 - Co - 40Mn, 100h; 4 - Co - 38Mn - 2La, 100h$

图 4-20　Co-40Mn 和 Co-38Mn-2La 涂层在 750 ℃空气中氧化 20 h 和 100 h 后在 500 ℃ ~ 800 ℃间的高温面比电阻演变

4.3.4　分析与讨论

1. 热膨胀系数和电导率

表 4-9 显示了 800 ℃时 Co/Mn/Fe 基氧化物和 430SS 的热膨胀系数(CTE)。430SS 的 CTE 为 11.6×10^{-6} K^{-1},与其他氧化物的热膨胀系数相差不大,以致沉积在 430SS 上的 Co/Mn/Fe 基氧化物在冷却时不容易剥落。Fe-Cr-Co 合金(Cr:12.44 wt.%, Co:9.68 wt.%)在室温和 753 ℃之间的平均 CTE 为 11.9×10^{-6} K^{-1},与电池组件的匹配度很好。铁基氧化物($CoFe_2O_4$ 和 $MnFe_2O_4$)的 CTE 与金属 Co 大致相同,Co 基氧化物($MnCo_2O_4$ 和 Co_3O_4)的 CTE 小于 Fe 基氧化物的,而 Mn 基氧化物的 CTE 在这些氧化物中最小,如 $CoMn_2O_4$ 和 Mn_3O_4 分别为 7×10^{-6} K^{-1} 和 8.8×10^{-6} K^{-1}。

由 800 ℃氧化物的电导率可知,$CoFe_2O_4$ 和 Mn_3O_4 的电导率差,$MnCo_2O_4$ 电导率最高,$MnFe_2O_4$ 和 $CoMn_2O_4$ 电导率次之。当尖晶石$(Co,Mn)_3O_4$ 富含 Mn 时,CTE 和尖晶石电导率都降低,这意味着 Co-Mn 涂层的 Mn 含量受到了 CTE 和电导率的限制。当尖晶石$(Co,Mn)_3O_4$ 富 Co 时,Co_3O_4 的 CTE 为 9.3×10^{-6} K^{-1},接近 $MnCo_2O_4$ 的 9.7×10^{-6} K^{-1},但电导率也明显下降。例如 40Mn 在氧化 100 h 后,有富 Mn 的氧化层生成,这很可能是导致面比电阻升高的原因之一。因此需要更近一步设计涂层或合金中 Co 和 Mn 的比例,使得合金涂层在氧化后能形成更为单一的 $MnCo_2O_4$ 尖晶石氧化物,提高涂层抗氧化性能的稳定性。此外,氧化过程中复合氧化物中 Co 和 Mn 的比例会发生变化,因此还要控制涂层的厚度,尽可能地减少富 Mn 或/和富 Co 氧化物的生成。

表 4-9　Fe 基氧化物、Mn 基氧化物和 Co 基氧化物在 800 ℃的热膨胀系数(CTE)和电导率

Oxides and alloys	$CoFe_2O_4$	$MnFe_2O_4$	$CoMn_2O_4$	Mn_3O_4	$MnCo_2O_4$	Co_3O_4	Co	430SS
CTE/10^{-6} K^{-1} (RT – 800 ℃)	12.1	12.5	7.0	8.8	9.7	9.3	12.0	11.6
电导率/(S·cm^{-1})	0.93	8.0	6.4	0.10	36	2.2		

2. 平衡时的氧分压

设计合适的温度与氧分压将促进某些特定氧化物的形成,当 Co-Mn 基合金涂层在 750 ℃干燥空气中氧化时,涂层/气体界面的对应氧分压约为 0.2 atm,热力学数据可知,此氧分压值是高于 Co,Mn 等氧化物生成的平衡氧分压的,可生成尖晶石相。但是随着氧化物的生成,气氛中氧的向内扩散被外部氧化物抑制,由氧化膜向涂层氧分压呈现逐渐减小趋势,见图 4-21(a),尖晶石首先在氧化物外表面即高氧活度区析出。图 4-21(b)所示为 Co-40Mn 在 750 ℃空气中氧化 5 h 的氧化产物,其结构与图 4-21(a)分析一致,此时外层氧化物为$(Co,Mn)O_x$ 复合氧化物,而合金内部生成了 Mn 的内氧化物(暗相),即 MnO。

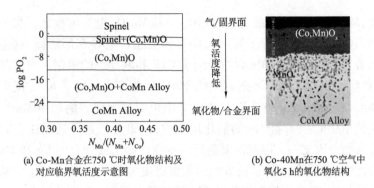

(a) Co-Mn合金在750 ℃时氧化物结构及　　　　(b) Co-40Mn在750 ℃空气中
　　对应临界氧活度示意图　　　　　　　　　　氧化5 h的氧化物结构

图4-21　氧分压与氧化物结构分析

热力学计算结果表明,在 750 ℃下生成 MnO 和 Mn_3O_4 临界氧分压值分别为 3.15×15^{-35} atm 和 2.92×92^{-27} atm,而生成 CoO 和 Co_3O_4 的临界氧分压分别为 3.16×10^{-17} atm 和 5.71×10^{-4} atm,由此可知生成高价态 Mn,Co 氧化物所需的临界氧分压相差多个数量级,通常氧化层内部优先生成 Mn 的氧化物再生成 CoO,进而随着时间延长或氧压的升高逐渐转化为高价态 Co_3O_4,进而生成(Co,Mn)$_3O_4$ 尖晶石。Co-40Mn 和 Co-38Mn-2La 涂层在 750 ℃氧化过程中,薄的 Co_3O_4 氧化层优先在外表面生成,主要归因于气氛/涂层界面高的氧分压。随着高温下 Mn 的持续外扩散,生成的 Mn_3O_4 与 Co_3O_4 结合生成尖晶石相,且随时间延长尖晶石相增加。

3. La 掺杂 Co-Mn 涂层的氧化机制

根据上述实验结果可知,Co-Mn 涂层中掺杂 La 可以影响到氧化初期氧化物生长(20 h),改变涂层氧化速度,并降低氧化物涂层的高温面比电阻值。活性元素的固溶度对影响活性元素效应起着关键作用。活性元素在合金或涂层各相中有着极低的溶解度,这使得活性元素在晶界处偏析,然后充分发挥其活性元素效应。Co-38Mn-2La 合金中由于 La 的浓度较高,富 La 相沿晶界析出,但是 HEMAA 工艺制备的涂层无明显 La 偏聚析出。涂层在氧化 100 h 后出现了少量 La 氧化物富集相。通过对氧化后涂层的组织结构与导电性能分析,La 的加入促进了尖晶石氧化物的形成,从而降低了 Co-Mn 涂层的面比电阻。

4.4　本章小结

通过高能微弧合金化(HEMAA)技术成功在 430SS 表面沉积 Co-38Mn-2La 和 Co-40Mn 合金涂层。涂层成分与设计合金电极保持一致,涂层整体致密均匀且与基材紧密结合。在 750 ℃干燥空气中氧化 20 h 和 100 h 后,涂层氧化物层与基材粘附性良好。当氧化 20 h 时,Co-38Mn-2La 和 Co-40Mn 涂层表面氧化物均为 Co_3O_4,随着氧化时间的延长,介于 $MnCo_2O_4$ 和 Mn_3O_4 之间的 $(Co,Mn)_3O_4$ 尖晶石相在氧化层表面上逐渐生成,且在 Co-38Mn-2La 氧化物层中有富 La 的氧化物局部析出。两种合金涂层随着氧化时间的延长,其 ASR 值都有小幅的增加,但 Co-38Mn-2La 氧化 20 h 和 100 h 后的 ASR 值均低于 Co-40Mn 涂层,Co-38Mn-2La 氧化 100 h 后的氧化膜在 800 ℃的高温面比电阻值约为 24 mΩ·cm²,低于 SOFC 金属互连普遍接受的面比电阻值上限 100 mΩ·cm²。通过对氧化后涂层的组织结构与导电性能分析可知,La 的加入促进了尖晶石氧化物的形成,从而降低了 Co-Mn 涂层的面比电阻。

第5章 复合 Mn-Co-Cu 涂层的特点与高温氧化性能研究

5.1 引言

（Mn,Co）$_3$O$_4$ 尖晶石具有优异的高温抗氧化性能。除了高导电性和与金属连接体相匹配的 CTE 外,有研究者在 Crofer22 APU 上制备了 Mn$_{1.5}$Co$_{1.5}$O$_4$ 尖晶石涂层,通过长期的高温氧化测试,研究结果表明,该尖晶石涂层对抑制基体中 Cr 的向外扩散起着重要作用,可作为高温耐蚀防护涂层。为了尽可能地提高 Co-Mn 尖晶石的易烧结性,使用各种过渡金属阳离子掺杂尖晶石结构成为一种选择。在 MnCo$_2$O$_4$ 尖晶石中添加 Cu 可以改变 MnCo$_2$O$_4$ 的热膨胀系数（CTE）,并降低 MnCo$_2$O$_4$ 的烧结温度。Cu$_{0.5}$MnCo$_{1.5}$O$_4$ 尖晶石在 750 ℃空气中氧化 1000 h 后有着较低的电阻值。杨等发现与未改性尖晶石涂层的试样相比,Ce 改性的（Mn,Co）$_3$O$_4$ 尖晶石涂层表现出更好的结构稳定性和电性能。基于迄今为止所报道的研究,可以得出结论,通过掺杂 Cu 来改性 Co-Mn 尖晶石可以显著改善其物理化学性质,如提高尖晶石的稳定性,增加其电导率,降低烧结温度以及改变热膨胀系数等,从而提高其作为高温防护涂层时的导电性和抗氧化性能。通过浆料浸涂和丝网印刷技术制备的 Cu-Mn-Co 尖晶石涂层表现出高电化学性能和氧化特性。然而,采用此类方法制备的涂层易剥落,因此如何提高尖晶石涂层对基材的黏附力仍然是一个难题。采用高能微弧合金化（HEMAA）工艺制备合金涂层,再通过高温氧化形成尖晶石涂层,通过该方法制备的尖晶石涂层与基材的黏附性较好,解决了尖晶石涂层易剥落的问题。

因此本实验通过运用高能微弧合金化工艺将 Cu 掺杂的 Co-40Mn 合金电极沉积在 430SS 基材上得到合金涂层,并研究其结构组成、高温氧化特性和在 800 ℃空气氛围下的电特性。通过对比 Co-40Mn 合金涂层,研究 Cu 掺杂的合金涂层经高温氧化后能否提高尖晶石涂层的稳定性及导电性。

5.2 Co-33Mn-17Cu 涂层的结构与高温性能

将经过表面清洗后的高纯金属 Cu, Mn, Co (纯度均为 99.99%) 按 Co-33Mn-17Cu 和 Mn-35Cu(原子百分比)进行配比,采用真空电弧熔炼炉将其熔炼成合金锭。持续性通入氩气进行气氛保护,氩气流量值为 30 l/min。当金属基材六面均沉积涂层后,调节设备参数为低电压、低功率、高频率,进行重熔,使得沉积后的涂层表面平整性较好。Co-33Mn-17Cu 沉积的最佳工艺参数以及涂层表面平整性修复参数见表 5-1。

表 5-1　HEMAA 工艺沉积 Co-33Mn-17Cu 合金电极参数

电极	涂层	电压/V	频率/Hz	功率/W	沉积速率/(min·cm^{-2})
Co-33Mn-17Cu	内层	208	1600	1600	1 – 1.2
	表面层	156	2100	330	4 – 4.4

5.2.1 电极与涂层的结构特点

图 5-1 为 Co-33Mn-17Cu 合金电极的 SEM 图。由图 5-1 可知,通过真空电弧熔炼炉熔炼的 Co-33Mn-17Cu 合金电极较为均匀致密,仅有少量的微孔缺陷存在。Co-33Mn-17Cu 合金电极组织呈现明(A1)暗(A2)两相结构,通过对 A1, A2 区的 EDS 分析可知,明相主要由富 Cu 相组成,其 Cu 的浓度约为 40.4 at.%,暗相主要由富 Co 相组成,其 Co 的浓度约为 50.2at.%。

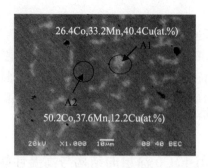

图 5-1　Co-33Mn-17Cu 合金电极的 SEM 图

　　图 5-2 为 Co-33Mn-17Cu 合金电极和合金涂层的组分分析。由图 5-2 可知，制备的合金涂层与合金电极衍射峰完全一致，说明采用高能微弧合金化工艺所制备的涂层组分与原电极组成相似，表明涂层在沉积过程中较好地控制了基体熔入及熔滴的氧化。标准 PDF 文件中的纯 Mn，Cu，Co 的特征峰在 XRD 图谱中被索引，Co-33Mn-17Cu 材料的特征峰恰好与纯 Cu 的特征峰吻合（图 5-2(a) 中 Cu 对应的虚线），而设计的 CoMnCu 合金组织结构分析表明，其分别生成富 Cu 相和富 Co 相（图 5-1），比较图 5-2(a) 中纯 Mn 和 Co 的特征峰，分别向小角度和大角度偏移，最终 Co-33Mn-17Cu 材料的特征峰与纯 Cu 特征峰重合。

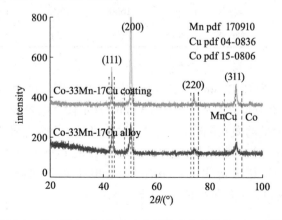

图 5-2　Co-33Mn-17Cu 合金电极和合金涂层的 XRD 谱图

　　图 5-3 为 Co-33Mn-17Cu 合金涂层截面形貌。通常沉积涂层表面整体较为致密,有少量的裂纹缺陷存在,这是由于涂层在快速冷却时,涂层内部所产生的应力大于合金涂层的抗拉伸强度,从而导致有少量热裂纹产生。但由图中截面可知,沉积后的 Co-33Mn-17Cu 涂层的平均厚度为 25～30 μm,涂层致密,与 430SS 基材结合紧密,没有观察到涂层中有裂纹或孔洞存在,涂层沉积和控制参数合适。

图 5-3　Co-33Mn-17Cu 合金涂层的截面形貌

5.2.2　合金涂层的高温氧化行为

　　图 5-4(a)是 Co-33Mn-17Cu 涂层在 750 ℃干燥空气中氧化 20 h 和 100 h 后氧化物物相分析。由 XRD 结合后续的氧化物表面形貌与成分分析可知,Co-33Mn-17Cu 涂层氧化 20 h 后其表面氧化物主要为立方 $MnCo_2O_4$ 尖晶石和一定量的 Mn_2O_3,延长氧化时间到 100 h 时,Mn_2O_3 衍射峰强度减弱,暗示延长氧化时间可促进单相 $MnCo_2O_4$ 尖晶石的生长,这验证了 Gesmundo 早期关于 CoMn 合金氧化产物的研究。

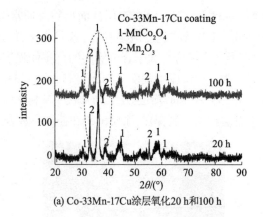

(a) Co-33Mn-17Cu涂层氧化20 h和100 h

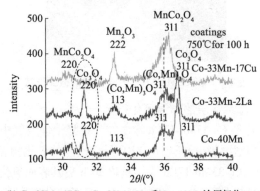

(b) Co-33Mn-17Cu，Co-38Mn-2La和Co-40Mn涂层氧化100 h

图 5-4　涂层在 750 ℃空气中氧化后氧化物 XRD 分析

　　图 5-4(b)分别是 Co-33Mn-17Cu，Co-38Mn-2La 和 Co-40Mn 涂层在 750 ℃空气中氧化 100 h 的产物物相分析，重点比较三种涂层衍射角在 30°~40°间的特征峰。通过上章分析已知，Co-Mn 基涂层产物主要为 Co_3O_4 和(Co，Mn)$_3O_4$ 尖晶石，而(Co，Mn)$_3O_4$ 是介于 $MnCo_2O_4$（立方）和 Mn_3O_4（四方）之间的四方尖晶石结构，Mn/Co 浓度比高于 1/2。以三种氧化产物 Mn_3O_4 通过(Co，Mn)$_3O_4$ 和 Co_3O_4 衍射角 2θ 为 36°左右的最强衍射峰为例，其值依次为 36.04°通过 36.36°和 36.85°，即 Co_3O_4 相对于 Mn_3O_4 其衍射峰向大角度迁移，而(Co，Mn)$_3O_4$ 衍射峰位于 Co_3O_4 和 Mn_3O_4 之

间。其中尖晶石$(Co,Mn)_3O_4$ 与 $MnCo_2O_4$ 最大区别为,前者多为混合尖晶石相,而后者倾向单相尖晶石相。Co-38Mn-2La 和 Co-40Mn 涂层表面氧化 100 h 后产物主要为 Co_3O_4,而 Co-33Mn-17Cu 产物主要为 MnCo 尖晶石。

图 5-5 为 Co-33Mn-17Cu 在 750 ℃空气中氧化 20 h 的表面形貌。Co-33Mn-17Cu 涂层氧化后的表面生成单一形貌,即典型尖晶石形貌,而 Co-40Mn 涂层主要生成两种形貌,分别为富 Mn 尖晶石和多孔富 Co 氧化物形貌。对特定区域氧化物成分分析显示,Co-33Mn-17Cu涂层表氧化物中 Cu 浓度约为 6.6at%。

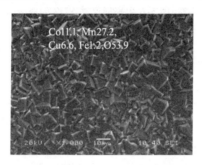

图 5-5　Co-33Mn-17Cu 涂层在 750 ℃干燥空气中氧化 20 h 的表面形貌

图 5-6 为 Co-33Mn-17Cu 在 750 ℃空气中氧化 20 h 后的截面形貌。由图可知,Co-33Mn-17Cu 和 Co-40Mn 氧化层均与 430SS 基材结合紧密。Co-40Mn 氧化层致密,而 Co-33Mn-17Cu 氧化层中有部分微孔存在,这是由于在氧化阶段大量尖晶石不断形成以及氧化物层中元素扩散所致。

由表 5-2 中的特定区域点 1、点 3 的 EDS 分析可知,Co-33Mn-17Cu 涂层氧化 20 h 后,其氧化层外层中 Mn 的浓度略高于 Co,而在氧化层内部 Co 的浓度有所增加,Mn 的浓度明显降低,表明氧化层内层主要为富 Co 的氧化物。在点 2 处,Fe 的浓度较高,暗示有部分基体中的 Fe 扩散到了氧化层中,但由于在氧化层表面仅检测到微量的 Fe,表明 Fe 的外扩散受到了外层氧化物的有效抑制。同时,仅检测到有微量的 Cr 在氧化层内层中,没有检测到 Cu 的富集区。

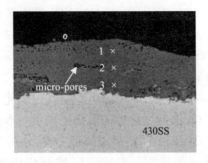

图 5-6　Co-33Mn-17Cu 涂层在 750 ℃干燥空气中氧化 20 h 截面形貌

表 5-2　图 5-6 中局部区域 EDS 的成分分析

含量/at. %	Co	Mn	Cu	Fe	Cr	O
点 1	20. 71	23. 50	7. 97	1. 32	—	46. 50
点 2	7. 78	7. 90	4. 89	31. 71	2. 54	45. 18
点 3	33. 81	2. 87	—	9. 32	10. 23	43. 77

图 5-7 为 Co-33Mn-17Cu 和 Co-40Mn 涂层在 750 ℃空气中氧化 100 h 的表面形貌。Co-33Mn-17Cu 涂层氧化 100 h 后其表面形貌与氧化 20 h 后的相似,为典型的尖晶石形貌。EDS 分析(表 5-3)表明尖晶石区的元素浓度相差不大,但是晶粒大小略有差异,结合 Co-33Mn-17Cu 氧化 100 h 的物相分析可知,表面氧化物主要为 Mn-Co_2O_4 尖晶石,有部分 Mn_2O_3 弥散在其中,有微量的 Fe 扩散到了氧化层表面。

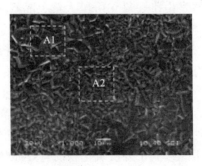

图 5-7　Co-33Mn-17Cu 涂层在 750 ℃干燥空气中氧化 100 h 的表面形貌

表 5-3   图 5-7 中局部区域 EDS 的成分分析

含量/at. %	Co	Mn	Cu	Fe	Cr	O
A1	11. 5	27. 2	6. 6	0. 7	—	53. 90
A2	11. 12	25. 17	5. 50	1. 52	—	56. 69

图 5-8 为 Co-33Mn-17Cu 涂层氧化 100 h 的截面形貌和 EDS 线扫描。由图可知,Co-33Mn-17Cu 涂层依旧致密,且与 430SS 基体紧密结合,没有任何剥落迹象。氧化层有部分微孔存在,这是由于大量尖晶石的形成以及元素扩散的结果。线 A 为 Co-33Mn-17Cu 涂层的截面线扫描,可以看到 Mn 主要分布在氧化层外侧附近,而 Co 氧化层的内层浓度升高,这是由于在氧化过程中 Mn 大量向外扩散的结果。有部分基材中的 Fe 扩散到了氧化层中,Cu 在氧化层外层聚集不明显,氧化层/不锈钢界面探测到局部 Cu 富集。整个氧化层中 Cr 含量极少,表明 Co-33Mn-17Cu 涂层能有效抑制基材中 Cr 的外扩散。

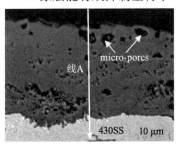

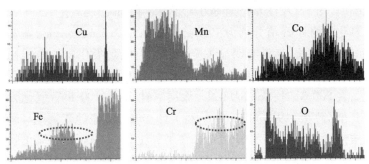

图 5-8   Co-33Mn-17Cu 涂层在 750 ℃干燥空气中氧化 100 h 的
截面形貌和 EDS 线扫描

三种合金涂层在750 ℃干燥空气中氧化后的质量增重(结合 Co-38Mn-2La 一起进行对比分析),Co-33Mn-17Cu 涂层氧化 20 h 后的质量增重约为 3. 78 mg · cm^{-2},而 Co-40Mn 和 Co-38Mn-2La 涂层氧化 20 h 后的质量增重高于 Co-33Mn-17Cu 涂层,约为 4. 89 mg · cm^{-2}和 4. 10 mg · cm^{-2}。当氧化时间延长到 100 h 后,三种涂层的质量增重相接近,约为 4. 93 mg · cm^{-2}。

5.2.3　涂层的面比电阻测试

结合 Co-38Mn-2La 的 ASR 进行对比分析,三种合金涂层在 750 ℃氧化 20 h 和 100 h 后涂层氧化膜的面比电阻值如图 5-9 所示,随着测试温度从 500 ℃升高到 800 ℃,三种涂层氧化膜的 ASR 都逐渐降低。研究表明 Co-Mn 基尖晶石氧化物具有半导体的性质,而半导体氧化物的电导率为温度的函数,这就解释了随着温度的逐渐升高,氧化膜的 ASR 逐渐降低。ASR 可以对热生长氧化层的电导率和厚度做出相应的响应。因此,三个涂层氧化 100 h 后的 ASR 值通常略高于 20 h 后的,特别是在低温下,如 500 ℃和 600 ℃。Co-40Mn 氧化物涂层的 ASR 值在 100 h 和 20 h 的三种氧化物涂层中是最大的(图 5-9 中线 1 和线 2),Co-38Mn-2La 氧化物涂层的 ASR (图 5-9 中线 3 和线 4)较小,且比 Co-40Mn 氧化物涂层还要小。而 Co-33Mn-17Cu 氧化物涂层的 ASR 值保持最小,特别是当 Co-33Mn-17Cu 氧化物涂层氧化 20 h 时,低温下的 ASR 值都保持在非常小的范围内(图 5-9 中线 6)。在 800 ℃下,Co-40Mn 涂层氧化 20 h,100 h 后氧化膜的 ASR 值分别为 79. 2 mΩ · cm^2,43. 2 mΩ · cm^2,随着氧化时间的延长,其值有明显下降。原因可能是氧化产物的结构和组成随着氧化时间的变化而变化,如一些(Co, Mn)$_3$O$_4$ 尖晶石形成。在 800 ℃时,Co-38Mn-2La 涂层氧化 20 h,100 h 后氧化膜的 ASR 值分别为 19. 6 mΩ · cm^2,24 mΩ · cm^2,该值随着氧化时间延长缓慢增加。而 Co-33Mn-17Cu 涂层氧化 20 h,100 h 后氧化膜在 800 ℃下的 ASR 值分别为 7. 5 mΩ · cm^2,41 mΩ · cm^2,随着氧化时间的延长,ASR 有明显增大。其原因尚未详细讨论,但根据现有结果,除氧化层厚度增加外,可能在氧化层中形成许多孤立的微孔。

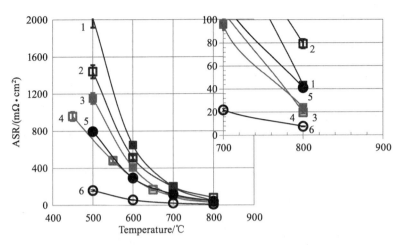

1 – Co – 40Mn,100h;2 – Co – 40Mn,20h;3 – Co – 38Mn – 2La,100h;

4 – Co – 38Mn – 2La,20h;5 – Co – 33Mn – 17Cu,100h;6 – Co – 33Mn – 177Cu,20h。

图 5-9　Co-40Mn,Co-38Mn-2La 和 Co-33Mn-17Cu 涂层在 750 ℃空气中氧
化 20 h 和 100 h 后在 500 ℃~800 ℃间高温面比电阻演变

图 5-10 显示了三种合金涂层氧化后氧化膜的 ASR/T 对 10^3/T
的 Arrhenius 图。由图可知,在 $\log(ASR/T)$ 和 10^3/T 之间,三种氧
化膜的 ASR 值随着温度的线性增加而减小,这与生成的尖晶石氧化
物展现出的半导体性质有关。图 5-10(a)显示 Co-33Mn-17Cu 氧化
20 h,100 h 后氧化膜的 $\log(ASR/T)$ 值在整个温度测试区间(773.15~
1073.13 K)都低于 Co-40Mn 的。图 5-10(b)显示在 750 ℃空气中氧化
300 h 和 500 h 的 $\log(ASR/T)$ 对 10^3/T 的 Arrhenius 图,可以看到随
着氧化时间的不断延长,Co-33Mn-17Cu 的 $\log(ASR/T)$ 值有所减
小,且低于 Co-38Mn-2La 的。不论涂层氧化层的导电性和厚度如
何,其 ASR 值与热生长的表面层紧密相关,因此 Co-33Mn-17Cu 涂
层在长时间氧化后生成的表面氧化层比 Co-40Mn 和 Co-38Mn-2La
的表面氧化层有着更优异的导电性。

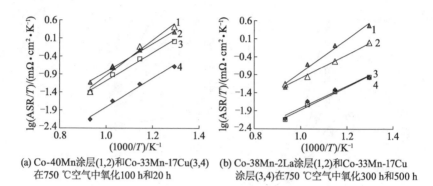

(a) Co-40Mn涂层(1,2)和Co-33Mn-17Cu(3,4)
在750 ℃空气中氧化100 h和20 h

(b) Co-38Mn-2La涂层(1,2)和Co-33Mn-17Cu
涂层(3,4)在750 ℃空气中氧化300 h和500 h

图 5-10　涂层氧化膜 Arrhenius 图

Co-40Mn, Co-38Mn-2La 和 Co-33Mn-17Cu 涂层在 750 ℃空气中氧化不同时间后在 800 ℃下的高温面比电阻演变曲线如图 5-11 所示。当氧化时间从 20 h 延长到 100 h 时, Co-40Mn 氧化膜的 ASR 值有大幅降低, 而 Co-38Mn-2La 的氧化膜的 ASR 值变化不大, 有略微的升高。随着氧化时间的继续延长, 两种涂层氧化膜的 ASR 值都现出逐渐升高的趋势, 但在整个氧化时间内, Co-38Mn-2La 氧化膜的 ASR 值都低于 Co-40Mn 的。

值得注意的是, Co-33Mn-17Cu 涂层在氧化不同时间后氧化膜在 800 ℃的 ASR 值与 Co-40Mn 和 Co-38Mn-2La 有着完全不同的变化趋势。Co-33Mn-17Cu 的氧化时间从 20 h 延长到 100 h 时, 其 ASR 值有大幅的升高, 但当氧化时间继续延长时, 其 ASR 值大幅降低, 最终趋于稳定。Co-33Mn-17Cu 氧化 500 h 后的氧化膜的 ASR 值约为 7.7 mΩ·cm², 远低于 Co-40Mn(98.4 mΩ·cm²), Co-38Mn-2La(77.5 mΩ·cm²)同等氧化时间的 ASR 值。

由图 5-11 可知, Co-40Mn, Co-38Mn-2La 随着氧化时间的延长, 其氧化膜的 ASR 值变化都趋于相似, 呈现出升高的趋势, 而 Co-33Mn-17Cu 氧化膜的 ASR 值变化却呈现与之不同的变化趋势, 这与氧化膜的厚度和组织结构的变化密切相关。

由图 5-12(a)Co-33Mn-17Cu 氧化不同时间后的表面物相分析

可知,Co-33Mn-17Cu 氧化 20 h,100 h 后,其表面主要为 $MnCo_2O_4$ 尖晶石和 Mn_2O_3 的混合氧化物。通过图 5-12(b)在 29°~38°的最强衍射峰局部放大图可知,氧化前期(100 h 前)尖晶石主要衍射峰较弱且相对平缓(如 30°和 36°),表明尖晶石逐步开始形成,而 Mn_2O_3 衍射峰在初期已经非常明显(约 33°)。从 20 h 到 100 h 期间,Co-33Mn-17Cu 涂层氧化物增厚,尖晶石正在逐渐形成,氧化膜厚度的增加可能使 ASR 值上升。

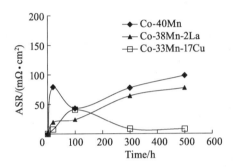

图 5-11 Co-40Mn,Co-38Mn-2La 和 Co-33Mn-17Cu 涂层在 750 ℃空气中氧化不同时间后在 800 ℃下的高温面比电阻演变曲线

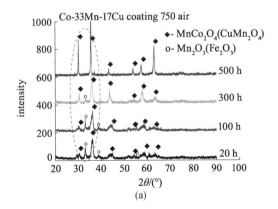

(a)

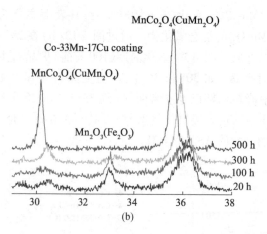

图 5-12　Co-33Mn-17Cu 涂层在 750 ℃空气中氧化不同时间后
氧化物的 XRD 谱图

随着氧化时间延长到 300 h,Co-33Mn-17Cu 表面氧化物趋于单一尖晶石结构,在 29°～38°范围内尖晶石特征峰强度明显增强,而 Mn_2O_3 特征峰强度大幅减弱,暗示氧化时间的延长,促进了尖晶石氧化物的不断生成。当氧化时间达到 500 h 时,Co-33Mn-17Cu 表面氧化物为单一尖晶石相,非尖晶石氧化物的特征峰消失,表面主要为 $MnCo_2O_4$ 尖晶石氧化物,由于 $MnCo_2O_4$ 尖晶石的电导率远高于 Mn_2O_3 氧化物,从而导致 Co-33Mn-17Cu 在氧化 300 h 和 500 h 后氧化膜的 ASR 值大幅下降。

图 5-13 是在空气中相对于不同 Co 的浓度和温度的部分 Mn-Co-O 相图,表明 $MnCo_2O_4$ 尖晶石在 SOFC 操作温度下是以稳定相存在的,在本书中,Co-40Mn 涂层在 750 ℃下氧化 20 h,100 h 后形成的$(Co,Mn)_3O_4$ 尖晶石相中 Mn:Co 的摩尔原子比不同于 1:2,其 Mn 含量为略高于 $MnCo_2O_4$ 尖晶石。造成这种现象的原因很复杂,因为 Co 和 Mn 的初始浓度比、合金涂层的厚度、氧化温度和氧化物中的元素扩散都在$(Co,Mn)_3O_4$ 尖晶石氧化物的形成过程中起重要作用。当 Cu 加入 Co-Mn 涂层时,涂层氧化 20 h 和 100 h 后在氧化物表面都形成了 $MnCo_2O_4$ 尖晶石。研究表明,$MnCo_2O_4$ 尖晶石

相较于$(Co,Mn)_3O_4$ 尖晶石有着更高的电导率,因此 Cu 掺杂 Co-Mn 涂层有助于提高涂层氧化层的电导率。

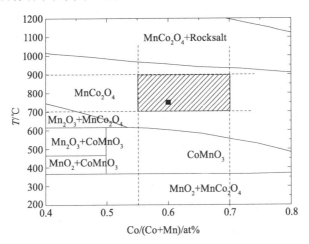

图 5-13　在空气中运用 Factsage 热力学软件计算得到的部分 Mn-Co-O 相图

　　根据图 5-6、图 5-8 的分析可知,Co-33Mn-17Cu 和 Co-40Mn 涂层氧化后都有部分基材中 Fe 扩散到涂层内部氧化层中,但都受到了外层$(Co,Mn)_3O_4$,$MnCo_2O_4$ 尖晶石的有效抑制,导致 Fe 在$(Co,Mn)_3O_4$,$MnCo_2O_4$ 尖晶石氧化层下大量聚集。除此之外,当 Co-33Mn-17Cu 和 Co-40Mn 涂层氧化 100 h 后,在涂层氧化层与基材之间都形成了一层富 Cr 的氧化物薄层,暗示着这两种合金涂层都能很好地限制基体中 Cr 的外扩散。

　　采用高能微弧合金化工艺成功将 Co-33Mn-17Cu 和 Co-40Mn 合金电极沉积在 430SS 表面,所制备的涂层较为均匀致密且与基材冶金结合良好。两种合金涂层氧化后,氧化层与基材紧密结合,没有任何剥落迹象,仅 Co-33Mn-17Cu 氧化层中有少量微孔。当 750 ℃下氧化 20 h 和 100 h 时,两种涂层的表面形貌都没有明显的变化,Co-33Mn-17Cu 涂层的表面氧化物主要为 $MnCo_2O_4$ 尖晶石和 Mn_2O_3,而 Co-40Mn 涂层氧化物主要为 Co_3O_4 和 $(Co,Mn)_3O_4$ 尖晶石。随着氧化时间的延长,两种涂层氧化膜的 ASR 值都有所降低,

Co-40Mn 在 750 ℃ 下氧化 100 h 后的氧化膜在 800 ℃ 的 ASR 值为 43.2 mΩ · cm^2,而 Co-33Mn-17Cu 在氧化 100 h 后的氧化膜的 ASR 值约为 14.4 mΩ · cm^2,氧化 500 h 后甚至达到了 7.7 mΩ · cm^2,远低于 Co-40Mn。Cu 掺杂到 Co-Mn 涂层中显著提高了涂层氧化层的导电性,使 ASR 值大幅减小。两种涂层的 ASR 值都低于 SOFC 金属连接体普遍接受的上限 100 mΩ · cm^2。除此之外,(Co,Mn)$_3$O$_4$ 和 MnCo$_2$O$_4$ 尖晶石氧化层都能有效地抑制基材中的 Fe 和 Cr 向外扩散。结果表明,Cu 掺杂 Mn-Co 涂层会改变涂层氧化层的结构和性质,使得其作为中温固体氧化物燃料电池金属连接体防护涂层成为一种可能。

5.3　Mn-35Cu 合金涂层的特点与高温氧化行为研究

5.3.1　涂层制备与结构

Mn-35Cu 合金涂层的沉积参数如表 5-4 所示。由图 5-14 中的 Mn-35Cu 合金电极和合金涂层的 XRD 谱图可以看出,Mn-35Cu 涂层的衍射峰与 Mn-35Cu 合金电极的衍射峰完全一致,说明高能微弧合金化工艺法制备的涂层组分与原来的合金电极保持一致,表明涂层在沉积过程中较好控制了基体熔入及熔滴的氧化。标准 PDF 文件中的纯 Cu 和纯 Mn 的特征峰在 XRD 图谱中被索引。由此可知,Mn-35Cu 合金电极和涂层的峰值与纯 Mn 相比有所变化,这是由于 Cu 的加入以及在沉积过程中不锈钢基材中的 Fe 和 Cr 沉积到合金涂层中。

表 5-4　HEMAA 工艺沉积 Mn-35Cu 合金的电极参数

电极	涂层	电压/V	频率/Hz	功率/W	沉积速率/ (min · cm^{-2})
Mn-35Cu	内层	208	1600	1330	1 − 1.2
	表面层	156	2100	330	4 − 4.4

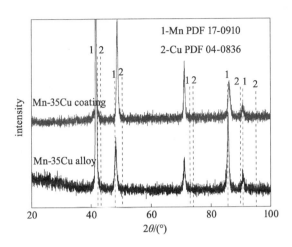

图 5-14　Mn-35Cu 合金电极和合金涂层的 XRD 谱图

图 5-15 为 Mn-35Cu 合金和沉积后的合金涂层的表面形貌图，从图 5-15(a)中可以看出 Mn-35Cu 合金由明暗两相组成，其中暗相富 Mn，根据表 5-5 元素浓度分析可知，Mn 浓度约 79.79 at.%；亮相富 Cu，浓度约 47.18 at.%。从图 5-15(b)中可以看出，当采用高能微弧合金化(HEMAA)沉积后，合金涂层表面光滑平整且致密，没有发现微孔和裂纹等缺陷。当 Mn-35Cu 合金制备成涂层时，所得 Mn-35Cu 涂层表面元素浓度为 Co：33.48at.%，Mn：62.40at.%，接近所设计的 Mn-35Cu 合金浓度比，涂层表面还检测到少量元素 Fe，这是由于在 Mn-35Cu 合金沉积过程中与 430SS 基材元素置换的结果。

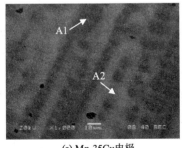

(a) Mn-35Cu电极

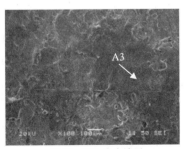

(b) Mn-35Cu合金涂层

图 5-15　Mn-35Cu 电极和 Mn-35Cu 合金涂层的 SEM 图

表 5-5   局部区域组织的 EDS 分析

含量/at. %	Cu	Mn	Fe	Cr
A1	21. 21	79. 79	–	–
A2	47. 18	52. 82	–	–
A3	33. 48	62. 40	3. 16	0. 96

图 5-16 为 Mn-35Cu 合金涂层的截面形貌。涂层的平均厚度约为 25 ~ 30 μm。涂层整体较为致密,没有孔洞和微裂纹缺陷存在,涂层与 430SS 基底结合致密。涂层边缘光滑,呈现出波浪形貌;但边缘有断裂区,这是由于在制备涂层截面过程中经磨损造成的。

图 5-16   HEMAA 沉积后的 Mn-35Cu 合金涂层的截面形貌图

5. 3. 2   Mn-35Cu 涂层的高温氧化行为研究

图 5-17 为 Mn-35Cu 涂层和 430SS 基体在 750 ℃空气中氧化 20 h 的表面 XRD 谱图。由图 5-17(a)可知,当 Mn-35Cu 涂层氧化 20 h 后,表面氧化物主要为 Mn_2O_3 和立方 $Cu_{1.2}Mn_{1.8}O_4$ 尖晶石,并且有少量的 Mn_3O_4 存在,没有检测到 Fe,Cr 氧化物的衍射峰。由图 5-17(b)可知,当 430SS 基体氧化 20 h 后,其表面氧化产物主要为 Cr_2O_3 和 $Mn_{1.5}Cr_{1.5}O_4$,基体衍射峰强度最高(Fe – Cr),表明生成氧化层较薄。

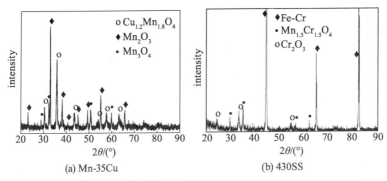

(a) Mn-35Cu

(b) 430SS

图 5-17　Mn-35Cu 涂层和 430SS 基体在 750 ℃空气中氧化 20 h 的
XRD 谱图

图 5-18 为 Mn-35Cu 涂层和 430SS 基体在 750 ℃干燥空气中氧化 20 h 后的表面形貌。从图 5-18(a)可以看出涂层氧化后的表面产物形貌相对复杂,但氧化层没有裂纹或剥落产生。产物形貌主要分为两种:粗大晶粒区和细晶粒区,如图 5-18 中的 A1 和 A2 区。通过 EDS 分析可知,A1 区各元素浓度为 Mn:22.96%,Cu:12.56%,Fe:0.58%,O:63.90 %(at.%);A2 区各元素浓度为 Mn:41.30%,Cu:1.98%,Fe:1.44 %,O:55.28 %(at.%),结合 XRD(图 5-18)分析可知,大晶粒区域为 Cu-Mn 尖晶石氧化物,小晶粒区域 Mn 的含量较高,而 Cu 的含量较低,导致该区域主要为富 Mn 的氧化物(Mn_2O_3,Mn_3O_4)。富 Mn 氧化物区域的 Fe 含量稍高于尖晶石氧化物区,但都没有检测到元素 Cr。

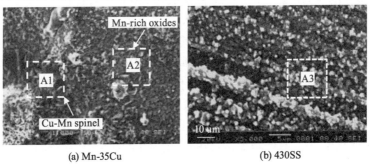

(a) Mn-35Cu

(b) 430SS

图 5-18　Mn-35Cu 涂层和 430SS 基体在 750 ℃干燥空气中氧 20 h 的表面形貌

从图 5-18(b)可以看到,430SS 基体氧化 20 h 后,表面氧化物均匀,由 EDS 和 XRD 分析可知其为富 Cr 氧化物(Cr:21. 51at.%),氧化物相对疏松且薄,能看到明显的磨痕。

图 5-19 为 Mn-35Cu 涂层和 430SS 基体在 750 ℃空气中氧化 100 h 的 XRD 谱图,由图 5-19(a)可知,当氧化温度升高到 100 h 时,Mn-35Cu 涂层表面的氧化物主要是 Mn_2O_3 和部分立方 $Cu_{1.2}Mn_{1.8}O_4$ 尖晶石,没有检测到有 Mn_3O_4 氧化物的衍射峰,氧化产物更单一。由图 5-19(b)可知,当 430SS 基体氧化时间延长时,430SS 基体表面生成物无明显改变,仍为 Cr_2O_3 和 $Mn_{1.5}Cr_{1.5}O_4$,但氧化物的衍射峰强度增加。

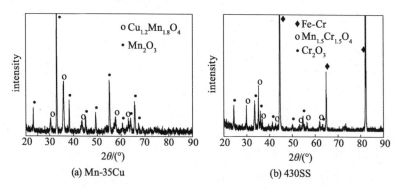

(a) Mn-35Cu (b) 430SS

图 5-19 Mn-35Cu 涂层和 430SS 基体在 750 ℃空气中氧化 100 h 的 XRD 谱图

图 5-20 为 Mn-35Cu 涂层和 430SS 基体在 750 ℃空气中氧化 100 h 的表面形貌。Mn-35Cu 涂层氧化 100 h 后的表面比氧化 20 h 后的表面更平整。局部区域放大图结合表 5-6 中的 EDS 分析可知,A1 区域由一些大晶粒组成,其组成主要为 Cu-Mn 尖晶石氧化物,相比于 20 h 晶粒长大明显。局部出现少量 A2 区域形貌,为富 Cu 的氧化物,相对疏松。随着氧化时间的延长,在 A1 和 A2 区域检测到有少量的 Fe,但都没有检测到 Cr 的存在。图 5-20(c)为 430SS 基体氧化 100 h 后的表面形貌,可以看到表面氧化物均匀,厚度相比 20 h 有所增加,表面的氧化层在冷却至室温时部分剥落。

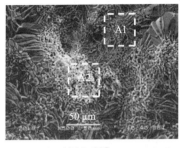

(a) Mn-35Cu　　　　　　　　　　(b) Mn-35Cu(局部)

(c) 430SS

图 5-20　Mn-35Cu 涂层和 430SS 在 750 ℃空气中氧化 100 h 的表面形貌

表 5-6　图 5-20 中局部区域的 EDS 分析

含量/at. %	Mn	Cu	Fe	Cr	O
A1	25.67	14.30	1.36	–	58.67
A2	7.79	37.19	0.54	–	54.30
A3	4.40	–	25.50	20.31	49.79

　　图 5-21(a)为 Mn-35Cu 涂层在 750 ℃氧化 100 h 后截面形貌与线扫描。氧化物涂层保持均匀致密,且与 430SS 基体保持良好黏附性,一些独立的氧化物微孔出现在氧化层外侧。氧化层的线扫描(线A)显示,氧化层顶端富 Cu,接着 Mn 含量升高而 Cu 浓度急剧下降,从多孔中间层到氧化物与基体界面,Mn 含量逐渐降低,而 Cu 含量几乎保持稳定,这种变化趋势是由于 Mn 具有更大的扩散速率。另外,430SS 基体中的部分 Fe 外扩散到了氧化层中,Cr 含量很低,仅在涂

层氧化物层/基材界面处发现有非常薄的富 Cr 氧化物层。

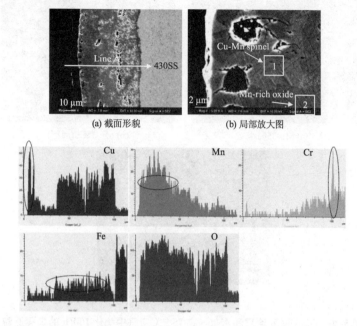

图 5-21　Mn-35Cu 涂层在 750 ℃氧化 100 h 后截面形貌与线扫描

　　图 5-21(b)是 Mn-35Cu 氧化物局部放大图,从图中可以看到氧化物相明暗交替,表 5-7 中 EDS 分析显示,明相中的 Cu 和 Mn 的含量分别为 20.02at.% 和 21.13at.%,而暗相中 Cu 和 Mn 的含量分别为 2.83at.% 和 32.70at.%。由此可知,明相主要为 Cu-Mn 尖晶石氧化物,暗相主要为富 Mn 氧化物。

表 5-7　截面局部区域 EDS 分析

含量/at.%	Mn	Cu	Fe	Cr	O	注
Mn-35Cu coating, 100 h	21.13	20.02	–	–	58.85	区域1
	32.70	2.83	4.92	–	59.55	区域2

　　图 5-22 为 Mn-35Cu 涂层在 750 ℃空气中分别氧化 100 h,300 h 和 500 h 的 XRD 谱图。从图 5-22(a)可知,当 Mn-35Cu 涂层氧化

延长到 300 h 时,可以看到表面氧化物主要为 $Cu_{1.2}Mn_{1.8}O_4$ 尖晶石和 Mn_2O_3,同时也有少量 Fe_2O_3 氧化物存在。与 Mn-35Cu 涂层氧化 100 h 相比,虽然其氧化物的种类没有发生改变,但涂层氧化 300 h 后 $Cu_{1.2}Mn_{1.8}O_4$ 的含量大量增加,成为表面的主要氧化物,而 Mn_2O_3 的含量有明显的减少,这是由于随着时间的延长,氧化层内部的 Cu 向外扩散,与外层中的富 Mn 氧化物反应生成 $Cu_{1.2}Mn_{1.8}O_4$,从而使 $Cu_{1.2}Mn_{1.8}O_4$ 尖晶石的含量增加,而 Mn_2O_3 的含量减少(结合图 5-21 成分分析)。Mn-35Cu 涂层氧化 500 h 后表面氧化物种类与 300 h 相似,仍为尖晶石、Mn_2O_3 和少量 Fe_2O_3,但与氧化 300 h 相比,Mn_2O_3 的衍射峰强度也有所减弱,暗示着表面 Mn_2O_3 氧化物的含量有所降低,表面氧化物相变得更为单一。

图 5-22(b)为 Mn-Cu 氧化层局部物相分析,重点比较三种涂层衍射角在 28°～40°间的特征峰。通过上述分析已知,Cu-Mn 基涂层氧化产物主要为 $Cu_{1.2}Mn_{1.8}O_4$ 尖晶石和 Mn_2O_3,在氧化初期(20 h)尖晶石和 Mn_2O_3 开始形成,其特征衍射峰强度弱,且衍射峰宽。当时间延长到 100 h 时,Mn_2O_3 衍射峰强度急剧增加,衍射峰尖锐,而 $Cu_{1.2}Mn_{1.8}O_4$ 尖晶石衍射峰也增强。在氧化时间为 300 h 和 500 h,Mn_2O_3 衍射峰尖锐但强度相比 100 h 减弱,而 $Cu_{1.2}Mn_{1.8}O_4$ 尖晶石衍射峰强度相比 100 h 明显增强,更多稳定 $Cu_{1.2}Mn_{1.8}O_4$ 尖晶石相生成。

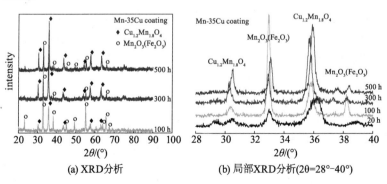

(a) XRD分析　　　　(b) 局部XRD分析(2θ=28°-40°)

图 5-22　Mn-35Cu 在 750 ℃干燥空气中分别氧化 100 h,300 h 和 500 h 的 XRD 谱图

图 5-23 为 430SS 基体在 750 ℃空气中分别氧化 300 h 和 500 h 的 X 射线衍射。可知,430SS 基体氧化 300 h 后其表面氧化物仍为 Mn-Cr 尖晶石和 Cr_2O_3,但这两种氧化物的含量相对于基体氧化 100 h 后的衍射峰增强,特别是 Cr_2O_3 氧化物。430SS 基体氧化 500 h 后其表面氧化物与氧化 300 h 后的相似,Mn-Cr 尖晶石和 Cr_2O_3 衍射峰有所增强。

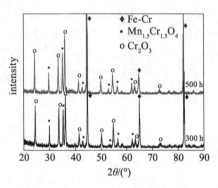

图 5-23　430SS 基体在 750 ℃干燥空气中氧化 300 h 和 500 h 的 XRD 谱图

图 5-24 为 Mn-35Cu 涂层在干燥空气中氧化 300 h 后的截面形貌和 EDS 线(点)扫描。可以看到,涂层氧化层整体较为致密,仅有少量的微小孔洞存在,且与 430SS 基材结合紧密,没有观察到贯穿性裂纹。线扫描结果可以观察到 Mn 和 Cu 在整个氧化层的含量分布较为均匀,没有出现有富 Mn 或富 Cu 氧化物层,氧化层中 Fe,Cr 的含量较低,仅在涂层氧化层与基材的界面处(点 4)发现有富 Cr 的氧化物薄层。点 1,2,3,4 为 Mn-35Cu 截面线扫描上的点扫描,结合表 5-8 中的 EDS 分析可知,点 1,2,3 处 Mn 和 Cu 的含量没有较大的变化,且 Cu 与 Mn 的原子比例接近 $Cu_{1.2}Mn_{1.8}O_4$,暗示着氧化层主要为 $Cu_{1.2}Mn_{1.8}O_4$ 尖晶石,这与 Mn-35Cu 涂层氧化 20 h,100 h 后的涂层氧化层中的元素分布有较大变化。

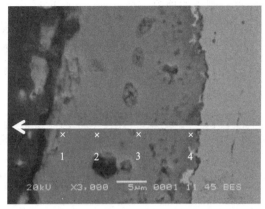

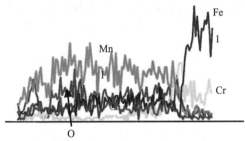

图 5-24　Mn-35Cu 涂层在空气中氧化 300 h 后的截面形貌和
EDS 线 (点) 扫描图

表 5-8　局部区域的 EDS 成分分析

元素浓度/at. %	Mn	Cu	Fe	Cr	O
点 1	23. 28	12. 97	4. 32	–	59. 44
点 2	22. 88	11. 88	7. 24	–	58. 00
点 3	20. 48	11. 11	6. 97	–	57. 59
点 4	10. 77	8. 02	6. 90	25. 60	48. 69

　　图 5-25 是 Mn-35Cu 涂层和 430SS 在 750 ℃空气中氧化 500 h 的表面形貌。Mn-35Cu 涂层氧化 500 h 后,其表面形貌比氧化 20 h,100 h 和 300 h 后的都表现得更为平整,表面呈现出典型的尖晶石形貌,如图 5-25(a)所示。在大的尖晶石晶粒附近发现有少量孔洞存在,整

个表面氧化层没有剥落的现象。结合氧化 500 h 的表面 XRD 分析可知,其表面氧化物主要为 $Cu_{1.2}Mn_{1.8}O_4$ 尖晶石。没有观察到有明显的富 Mn 氧化物富集区。430SS 氧化 500 h 后表面元素含量分别为 Cr:29.06%,Fe:1.88%,Mn:7.32%,O:61.74%(at.%),表明其表面主要为富 Cr 的氧化物。

(a) Mn-35Cu局部形貌

(b) Mn-35Cu局部形貌

(c) 430SS

图 5-25　Mn-35Cu 涂层和 430SS 在 750 ℃空气中氧化 500 h 的表面形貌

图 5-26 为 Mn-35Cu 涂层在空气中氧化 500 h 后的截面形貌和 EDS 扫描图。氧化层整体较致密,有少量微小的孔洞分存在于氧化层中。氧化层与基材结合紧密且没有任何剥落迹象。在整个氧化层中 Mn 在外层浓度稍高于内层。整个涂层氧化层中没有观察到有富 Mn 和富 Cu 的氧化物层,Cu 与 Mn 在整氧化层中的分布较为均匀,Cr 在氧化层外层中的含量极少,Mn-35Cu 涂层氧化过程中展现出好的稳定性。430SS 氧化 500 h 后的氧化层中主要为富 Cr 氧化物(Cr_2O_3,$Mn_{1.5}Cr_{1.5}O_4$)。

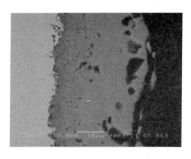

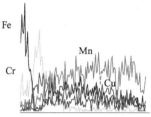

图 5-26 Mn-35Cu 涂层在空气中氧化 500 h 后的截面形貌和 EDS

5.3.3 Mn-35Cu 氧化层的导电性能

图 5-27 为 Mn-35Cu 涂层氧化不同时间后在 500 ℃ ~ 800 ℃ 范围内的面比电阻（ASR）随温度变化的曲线图。可以看到，不同氧化时间所生成的 Mn-35Cu 氧化物涂层的 ASR 值在 500 ℃ ~ 800 ℃ 范围内都随温度升高而降低。Mn-35Cu 涂层氧化 20 h 后的 ASR 值高于其他三个氧化时间段的 ASR 值，特别是在 500 ℃ ~ 600 ℃ 范围内。这是由于 Mn-35Cu 涂层氧化前期在氧化层最外层形成了大量 Mn_2O_3 氧化物，而生成具有半导体性质的 Cu-Mn 尖晶石较少且不连续，导致氧化膜的 ASR 值较大。随着氧化时间的延长，Cu 离子有足够的时间扩散到外层与金属 Mn 离子反应生成 Cu-Mn 尖晶石并形成尖晶石连续层，同时表面 Mn_2O_3 氧化物的含量减少，从而提高了涂层氧化层的导电性，导致 ASR 值明显下降。最终 Mn-35Cu 涂层氧化 20 h，100 h，300 h，500 h 后其氧化层在 800 ℃ 时的 ASR 值分别为 18 $m\Omega \cdot cm^2$，10 $m\Omega \cdot cm^2$，5.7 $m\Omega \cdot cm^2$，4.2 $m\Omega \cdot cm^2$，远低于 SOFC 金属互连普遍接受的上限 100 $m\Omega \cdot cm^2$。

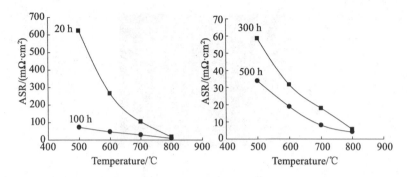

图 5-27   Mn-35Cu 涂层氧化不同时间后在 500 ℃ ~ 800 ℃范围内的面比电阻随温度变化曲线图

图 5-28 显示了 Mn-35Cu 涂层氧化不同时间后的 ASR/T 对 $10^3/T$ 的 Arrhenius 图。在 Log(ASR/T) 和 $10^{3'}T$ 之间,Mn-35Cu 涂层氧化不同时间段后的 ASR 值都随着温度的线性增加而减小,表明 Mn-35Cu 氧化层中生成的 Cu-Mn 尖晶石氧化物展现出半导体行为。Mn-35Cu 涂层随着氧化时间的延长,促进了氧化层表层尖晶石氧化物的生长,并形成稳定的尖晶石连续层,而 ASR 与热生长的表层直接相关,因此使 Cu-Mn 涂层氧化 500 h 后的 log(ASR/T) 值最小,氧化层表现出更为优异的导电性能。

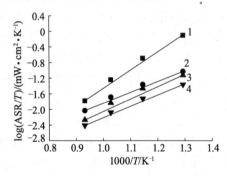

1 – 20h;2 – 100h;3 – 30h;4 – 500h;

图 5-28   Mn-35Cu 涂层氧化不同时间后的 ASR/T 对 $10^3/T$ 的 Arrhenius 图

5.3.4　Mn-35Cu 氧化机制分析与讨论

当尖晶石涂层在低温环境时,其电阻较大,导电性较差。但当其处于高温环境时,电阻值急剧下降,表现出了较为优异的导电性,因此对 Cu-Mn 合金涂层需要控制好 Cu 与 Mn 的配比以及涂层的厚度,使涂层氧化后生成致密的尖晶石氧化层,尽量减少 M_3O_4,M_2O_3,CuO 等二元氧化物在涂层氧化层中生成。

图 5-29 是 Mn-35Cu 涂层在 750 ℃干燥空气中氧化示意图。Cu 和 Mn 在 Cu-Mn 涂层中有着快速的扩散速率,且 Cu-Mn 氧化层中 Mn 元素的扩散速率比 Cu 元素的扩散速率更大。因此在 Mn-35Cu 涂层氧化前期,由于 Mn 在合金涂层中的浓度较高,Mn 大量向外扩散使氧化层外层中 Mn 的含量增加,导致氧化层最外层主要为富 Mn 的氧化物层(Mn_2O_3),由于氧化时间的不足使 Cu 没有足够的时间向外扩散,从而导致内层氧化物中 Cu 的含量相对较高。随着氧化时间延长到 100 h,氧化层最外层中的 Mn_3O_4 氧化生成 Mn_2O_3,同时部分氧化层内层中的 Cu 向外扩散,但由于 Cu 外扩散的量有限,使氧化层外层以及次外层中生成的尖晶石较为分散,没有形成连续的尖晶石氧化层。由于 Cu 外扩散的量较少,因此氧化层内层主要仍为富 Cu 的氧化物层。当 Cu – Mn 氧化层的氧化时间到达 300 h 时,由于氧化时间明显延长,使氧化层内层中大量的 Cu 有足够的时间向外扩散,部分外扩散到氧化层最外层中的 Cu 与 Mn 反应生成大量 $Cu_{1.2}Mn_{1.8}O_4$ 尖晶石,导致 Mn_2O_3 的含量急剧减少,从而使氧化层最外层主要为 $Cu_{1.2}Mn_{1.8}O_4$ 尖晶石氧化物。与此同时,由于 Cu 大量的外扩散、氧的内扩散,使氧化层的次外层和内层形成一层连续的 Cu-Mn 尖晶石氧化层。由于生成的 Cu-Mn 尖晶石连续致密且稳定性较好,使氧的内扩散受阻,因此当氧化时间延长到 500 h 时,涂层氧化层中的组成成分没有明显变化。Mn-35Cu 涂层氧化到 500 h 时氧化层中的 Cr 含量较少,仅在涂层氧化层与基材界面处有一层富 Cr 的氧化物薄层,暗示着 Cr 的外扩散受到了 Cu-Mn 氧化层的有效抑制。

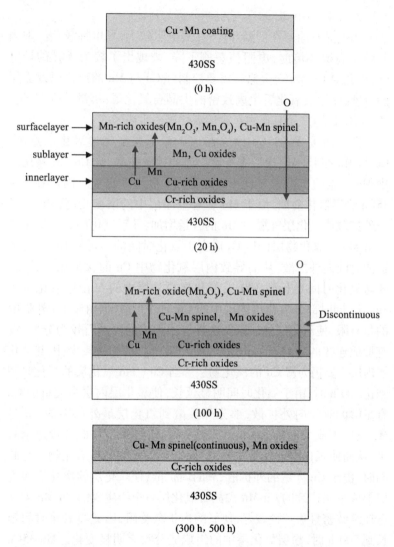

图 5-29 Mn-35Cu 涂层在 750 ℃干燥空气中氧化 0～500 h 的演变示意图

图 5-30 为局部的 Cu-Mn-O 相图,从图中可以看出 $Cu_xMn_{3-x}O_4$ 尖晶石相($x=0.9～1.6$)的尖晶石稳定区很窄,在中温固体氧化物燃料电池(SOFC)的运行温度下,单尖晶石的 Ncu 值应该小于 1.3。

Mn-35Cu 合 金 中 Cu 和 Mn 比 值 为 1. 05 ： 1. 95 (at. %)。当 Mn-35Cu 合金涂层在 750 ℃下氧化时,单尖晶石的组成成分应该按照相图(圆点)产生对应比例的尖晶石。但通过以上对涂层氧化物的分析可知,涂层氧化层中主要为立方结构的 $Cu_{1.2}Mn_{1.8}O_4$ 尖晶石,部分 Mn_2O_3 的形成使其偏离了单相结构,因此最终氧化生成的不是理论上的 $Cu_{1.05}Mn_{1.95}O_4$ 尖晶石。

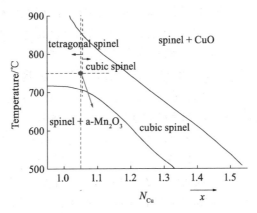

图 5-30　局部 Cu-Mn-O 相图 x 为 $Cu_xMn_{3-x}O_4$ 相中的摩尔比

采用高能微弧合金化工艺成功地将 Mn-35Cu 合金电极沉积在了430SS 基体上,Mn-35Cu 合金涂层均匀致密,并与基材无缝结合。430SS 基体随着氧化时间的延长,基材中的 Cr 外扩散严重,氧化层的抗氧化能力较低,表面氧化物主要为 Cr_2O_3 和 $Mn_{1.5}Cr_{1.5}O_4$。430SS 基体在 750 ℃下氧化 500 h 后,氧化膜的 ASR 值远大于 100 $mΩ \cdot cm^2$。Mn-35Cu 在 750 ℃下氧化 500 h 后,涂层氧化层的表面氧化物主要为立方 $Cu_{1.2}Mn_{1.8}O_4$ 尖晶石,且含有少量的 Mn_2O_3。Cu-Mn 尖晶石涂层中的非尖晶石氧化物主要为富 Mn 的氧化物,且所有的非尖晶石相均匀分散在氧化物涂层中。Mn-35Cu 涂层在氧化 500 h 后的氧化膜在 800 ℃的 ASR 值约为 4. 2 $mΩ \cdot cm^2$,远低于430SS 的 ASR 值(579. 12 $mΩ \cdot cm^2$),满足 SOFC 金属连接体普遍接受的上限 100 $mΩ \cdot cm^2$。在整个氧化过程中,仅有微量的 Fe 和 Cr 从430SS 基材扩散到了尖晶石涂层中,表明 Mn-35Cu 氧化物层能有效地抑制430SS基材中Fe和Cr的外扩散,可作为固体氧化物燃料电池金属连接体高温耐蚀防护涂层。

5.4 Co-Mn基与Mn-Cu基尖晶石连接体涂层热生长随时间演变特点研究

尖晶石型氧化物涂层被认为是继钙钛矿涂层之后较有前景的耐高温导电涂层,单相立方尖晶石氧化物具有负温度系数电阻特性,其导电性取决于小极化子跃迁导电机制。MnCo基($Mn_xCo_{3-x}O_4$)尖晶石涂层是近几年研究的热点。目前此类涂层都具有很好的铬离子外扩散抑制性能,而涂层高温电导率随Mn浓度升高出现先增加后减小的趋势。元素Cu和Ni的掺杂显著影响单相$Mn_xCo_{3-x}O_4$尖晶石稳定性与导电性能。以$Mn_{1.5}Co_{1.5}O_4$为例,其阳离子分布为$(Co_x^{2+} \ Mn_{1.5-a-b}^{2+})[Co_{1.5-x}^{3+} \ Mn_a^{3+} \ Mn_b^{4+}]O_4^{2-}$,式中( )表示四面体位置,即A位;[ ]表示八面体位置,即B位。尖晶石的导电性由电子在八面体位置上的Mn^{3+}和Mn^{4+}间跃迁产生,电导率的大小取决于B位上Mn^{3+}和Mn^{4+}的浓度及比值。Cu和Ni的掺杂,根据加入浓度可取代A位或B位上的阳离子,B位具有优先性。如当$Mn:Co:Ni=1.5:1.0:0.5$时,阳离子分布可为$(Co_{0.58}^{2+} \ Mn_{0.42}^{2+})[N_{0.5}^2 \ Co_{0.42}^{3+} \ Mn_{0.58}^{3+} Mn_{0.5}^{4+}]O_4^{2-}$。由于$Cu^+$和$Cu^{2+}$离子可同时存在,其取代位置更为复杂,当不同价态阳离子在八面体位置时有利于增加电导。Cu和Ni掺杂也影响$Mn_xCo_{3-x}O_4$尖晶石的热膨胀系数,如$Mn_{1.33}Co_{1.17}Cu_{0.5}O_4$,$Mn_{1.57}Co_{0.93}Cu_{0.5}O_4$和$Mn_{2.05}Co_{0.45}Cu_{0.5}O_4$对应的值分别为$14.5\times10^{-6} \ K^{-1}$,$12.7\times10^{-6} \ K^{-1}$和$8.5\times10^{-6} \ K^{-1}$,三者的导电性能均高于$Mn_{1.5}Co_{1.5}O_4$,在60 S/cm以上。另外,$Cu_xMn_{3-x}O_4$,$Cu_xCo_{3-x}O_4$,$Ni_xCo_{3-x}O_4$等尖晶石陶瓷也表现出较优异的电性能。如$Cu_{1.4}Mn_{1.6}O_4$尖晶石阳离子分布为$(Mn_{1.6-a-b}^{2+} \ Cu_x^+)[Cu_{1.4-x}^{2+} \ Mn_a^{3+} \ Mn_b^{4+}]O_4^{2-}$,高温电导率为78 S/cm,当Ni掺杂时其电导率升高。$(Cu_{0.30}Co_{0.70})Co_2O_4$和$NiCo_2O_4$作为燃料电池阴极材料,取得较高的功率密度。电沉积CuMn和NiCuMn金属涂层,热生长后氧化物涂层展示较好的导电性能。本节主要比较掺杂后 Co-Mn 基与 Mn-Cu 基尖晶石连接体涂层热生长随时间演变的特点,讨论研究四类涂层颗粒度、导电性以及产物演变等。

5.4.1　Co-Mn 基与 Mn-Cu 基尖晶石氧化物颗粒度的演变

利用 Nano Measurer 1.2 软件对表面氧化物颗粒进行统计,统计的颗粒总数在 150~400 之间,其统计结果由频率分布直方图表示。图 5-31 是 Co-40Mn 涂层在 750 ℃氧化后表面氧化物颗粒度分析。随氧化时间延长,尖晶石颗粒度呈现增大趋势。氧化 20 h 和 100 h 时颗粒、尺寸分布区间相似,如图 5-31(a)和(b)所示。到 300 h 时颗粒增大明显,更多颗粒度在 7~10 μm 间的粒子生成,如图 5-31(c)所示,当氧化时间增至 500 h 时,如图 5-31(d)所示,除了有更多大的颗粒生成外,颗粒的主要从 1~4 μm 生长成 3~7 μm,此颗粒分布范围约占 90%,颗粒度分布比初期更加均匀。

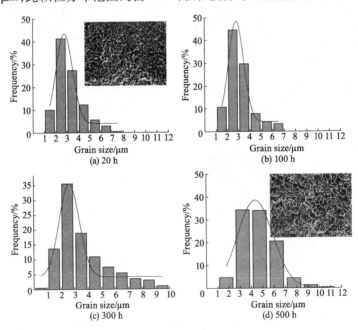

图 5-31　Co-40Mn 涂层在 750 ℃氧化后表面氧化物颗粒度分析

图 5-32 是 Co-38Mn-2La 涂层在 750 ℃氧化后表面氧化物颗粒度分析。随着氧化时间的延长,其尖晶石颗粒度也呈现增大趋势。氧化 20 h 时其最小颗粒明显小于同时间段的 Co-40Mn 涂层,如图 5-32(a)所示。从颗粒尺寸分布看,Co-40Mn 涂层最小颗粒分布区约在 1 ~ 2 μm,而 Co-38Mn-2La 涂层最小颗粒分布区主要在 0.5 ~ 1.5 μm。100 h 时颗粒尺寸略有增加,到 300 h 时颗粒增大明显,有更多粒径在 6 ~ 10 μm 间的大颗粒生成,如图 5-32(c)所示。当氧化时间增至 500 h 时,如图 5-32(d)所示,除了有更多大的颗粒生成,颗粒的主要分布区与氧化 300 h 时相似,而且颗粒度分布更加均匀。

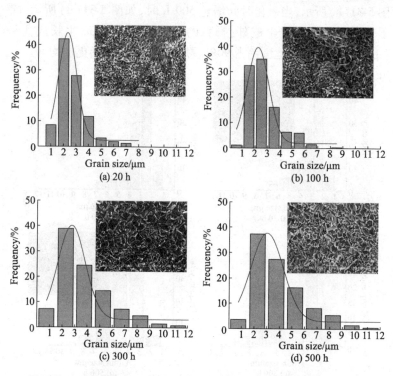

图 5-32　Co-38Mn-2La 涂层在 750 ℃氧化后表面氧化物颗粒度分析

图 5-33 是 Co-33Mn-17Cu 涂层在 750 ℃ 氧化后表面氧化物颗粒度分析。随着氧化时间延长,其尖晶石颗粒度也呈现增大趋势。20 h 时其最小颗粒明显大于同时间段的 Co-40Mn 涂层和 Co-38Mn-2La 涂层,如图 5-33(a)所示,Co-33Mn-17Cu 最小颗粒分布区在 1.5 ~2.5 μm 间,颗粒分布区间更广。100 h 时颗粒尺寸明显增加,颗粒主要分布在 3~8 μm 间,到氧化 300 h 时颗粒增大更明显,最小颗粒尺寸在 2~3 μm,所有颗粒尺寸在 2~8 μm,分布均匀,如图 5-33(c)所示。当氧化时间增至 500 h 时,如图 5-33(d)所示,颗粒继续增大,颗粒大于同时间段 Co-38Mn-2La 涂层。

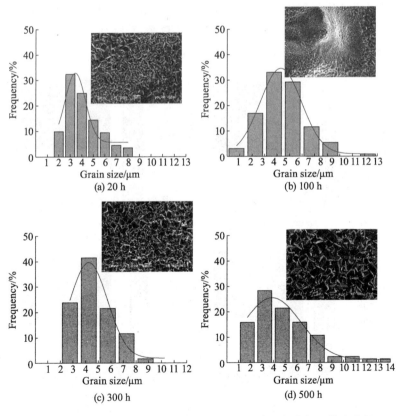

图 5-33　Co-33Mn-17Cu 涂层在 750 ℃氧化后表面氧化物颗粒度分析

图 5-34 是 Cu-35Mn 涂层在 750 ℃氧化后表面氧化物颗粒度分析。随着氧化时间延长,其尖晶石颗粒度也有增大趋势,但是变化趋势与前三组涂层存在差异。氧化 20 h 时,如图 5-34(a)所示,其尖晶石最小颗粒小于前三组,尺寸在 1 μm 以下,而最大颗粒也最大。氧化 100 h 和 300 h 时,如图 5-34(b)和(c)所示,尖晶石颗粒尺寸明显增加,大的颗粒尺寸分别到 15 μm 和 18 μm,小颗粒尺寸也略有增加。当氧化时间增至 500 h 时,如图 5-34(d)所示,尖晶石颗粒尺寸无明显增大趋势,而是趋于均匀分布,晶粒在 3 ~ 5 μm 间的占约 70%。颗粒尺寸出现上述变化的原因主要是 Cu 和 Mn 不同的扩散和氧化速度,在氧化初期分别出现富 Cu 氧化区和富 Mn 氧化区,两者晶粒尺寸差异明显,而随着氧化时间的延长,Cu 和 Mn 氧化物分布逐渐均匀,颗粒分布也趋于均匀。

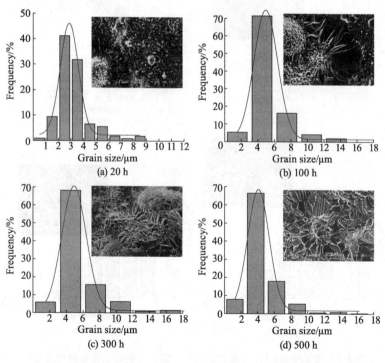

(a) 20 h

(b) 100 h

(c) 300 h

(d) 500 h

图 5-34　Cu-35Mn 涂层在 750 ℃氧化后表面氧化物颗粒度分析

图 5-35 是四组不同尖晶石氧化物表面平均颗粒度尺寸以及最大、最小颗粒度的尺寸范围。图 5-35（a）平均颗粒度变化规律显示，Cu-Mn 尖晶石颗粒尺寸最大，且其变化规律为先增大后减小。Co-Mn-Cu 尖晶石平均颗粒尺寸次之，且在氧化 100 ~ 500 h 的平均尺寸变化无明显变化。Co-Mn-La 和 Co-Mn 涂层平均颗粒尺寸接近，变化规律也相似，其中 Co-Mn-La 平均尺寸最小，显然 La 的掺杂降低了 Co-Mn 基尖晶石的颗粒度。

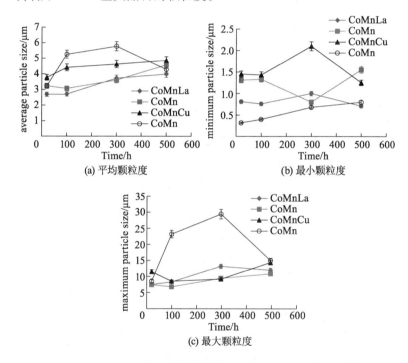

图 5-35　四组不同尖晶石氧化物表面颗粒度随时间演变化规律

图 5-35（b）最小颗粒度变化规律显示，Co-Mn-La 和 Cu - Mn 涂层氧化物颗粒较小，而 Cu-Mn 氧化物颗粒最小，其原因是 Mn 在氧化层中的浓度远高于其他三种涂层，另外 La 也降低了 Co-Mn 的颗粒度。Co-Mn-Cu 和 Co-Mn 涂层氧化最小颗粒尺寸相似，在氧化 300 h 出现差异。图 5-35（c）显示，Cu-Mn 涂层最大颗粒尺寸高于

另三组涂层,尤其在氧化 100 h 和氧化 300 h 时,主要是生成了 CuMn 尖晶石而不是 CoMn 尖晶石,其他三组 CoMn 基尖晶石(Co-Mn-La,Co-Mn-Cu,Co-Mn)最大颗粒尺寸相近,略有差异。

5.4.2　Co-Mn 和 Mn-Cu 基涂层和 430SS 的氧化动力学

图 5-36 为 Mn-35Cu,Co-33Mn-17Cu 合金涂层和 430SS 在 750 ℃ 干燥空气中的氧化动力学曲线。两种合金涂层的增重曲线与 430SS 的增重曲线差异较大。430SS 基材整个氧化阶段质量增重都较低。Mn-33Cu,Co-33Mn-17Cu 合金涂层在氧化前期(0 ~ 100 h),其质量增重较大,分别约为 8.1769 mg·cm^{-2} 和 7.3828 mg·cm^{-2},远高于 430SS 基材(0.2166 mg·cm^{-2})。随着氧化时间的延长(100 ~ 500 h),Co-33Mn-17Cu 氧化速率大幅度减小,增重缓慢,而 Mn-35Cu 涂层的质量增重不明显,说明涂层具有很好的氧内扩散抑制作用,随时间延长氧化层无明显增重。

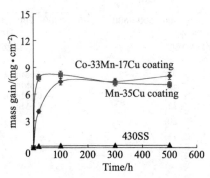

图 5-36　Mn-35Cu,Co-33Mn-17Cu 合金涂层和 430SS 在
750 ℃干燥空气中的氧化动力学曲线

5.4.3　Co-Mn 和 Mn-Cu 基涂层面比电阻演变规律

图 5-37 综合分析了 HEMAA 沉积的不同合金涂层在 750 ℃空气中氧化不同时间后的氧化产物在 800 ℃ 的面比电阻值。通过图 5-37(a) 和 (b) 对比分析 Co-40Mn,Co-38Mn-2La,Co-33Mn-17Cu,Mn-35Cu 合金涂层和 430SS 基材氧化不同时间后的 ASR 值在 800 ℃的变化,得出以下规律:

(1) 430SS 基材长时间氧化后,其 ASR 值远高于四种合金涂层。在氧化 500 h 时,其值达到了 579. 12 mΩ·cm^2。

（2）Co-40Mn 在氧化不同时间后其氧化产物的 ASR 值最高,随着氧化时间的延长,ASR 值呈逐渐上升趋势。

（3）Co-38Mn-2La 合金涂层氧化后有着比 Co-40Mn 更低的 ASR 值,但随着氧化时间的延长,其 ASR 值不断上升,与 Co-40Mn 的 ASR 值变化趋势相似。

（4）Co-33Mn-17Cu 和 Mn-35Cu 合金涂层随着氧化时间的延长,两者氧化产物的 ASR 值相接近(300 h,500 h),并都呈现出逐渐降低的趋势,远低于 Co-40Mn 和 Co-38Mn-2La 的 ASR 值。

（5）四种合金涂层在长时间氧化后(300 h,500 h),其氧化产物在 800 ℃ 的 ASR 值大小关系为 Co-40Mn > Co-38Mn-2La > Co-33Mn-17Cu > Mn-35Cu。表明 Cu 掺杂的 Co-Mn 涂层以及 Cu-Mn 涂层在高温腐蚀环境下所形成的氧化产物有着更优异的导电性能,能很好地满足固体氧化物燃料电池金属连接体高温耐蚀涂层的导电要求。

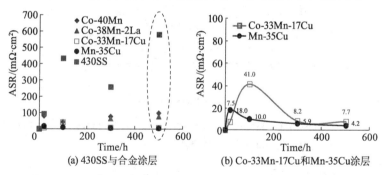

(a) 430SS 与合金涂层　　　　(b) Co-33Mn-17Cu 和 Mn-35Cu 涂层

图 5-37　高能微弧火花沉积的合金涂层和 430SS 在 750 ℃ 空气中氧化不同时间后的氧化产物在 800 ℃ 的面比电阻值

图 5-38 为 Mn-35Cu,Co-33Mn-17Cu,Co-38Mn-2La 和 Co-40Mn 涂层在 750 ℃ 空气中氧化 500 h 后的 XRD 谱图。图 5-38(a)显示四组涂层氧化物峰存在明显差异,其中 Co-38Mn-2La 和 Co-40Mn 涂层氧化物峰主要产物显示为 CoMn 尖晶石和 Mn$_2$O$_3$,同时含有少量 Fe$_2$O$_3$,两者产物相似。Co-33Mn-17Cu 仅显示尖锐的尖晶石氧化物峰,而 Mn-35Cu 涂层也显示强烈的尖晶石氧化物峰,但也呈现

较强的 $Mn_2O_3(Fe_2O_3)$ 氧化物峰。图 5-38(b)重点分析了四种合金涂层的氧化产物在 28°~40°之间的特征峰差异。

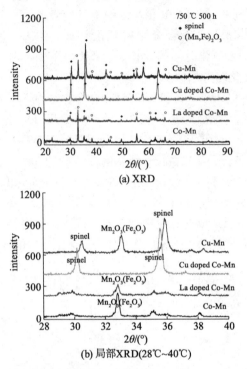

(a) XRD

(b) 局部XRD(28℃~40℃)

图 5-38　Mn-35Cu，Co-33Mn-17Cu，Co-38Mn-2La 和 Co-40Mn 涂层在 750 ℃空气中氧化 500 h 后 XRD 谱图

可以看到 Co-40Mn 与 Co-38Mn-2La 涂层氧化产物的衍射峰较为相似，尖晶石衍射峰不明显，主要呈现杂质相衍射峰(Mn，Fe 氧化物)，但 Co-40Mn 的杂质相衍射峰相比 Co-38Mn-2La 更窄更尖。Mn-35Cu 的氧化产物存在明显的尖晶石衍射峰，且在 35°~38°之间的尖晶石峰强度高于杂质相衍射峰，表明尖晶石氧化物在表面氧化产物中占据主导地位。值得注意的是，Co-33Mn-17Cu 涂层氧化产物在 35°~38°之间仅有尖晶石衍射峰存在。尖晶石衍射峰尖且窄，表明表面氧化物相单一，全为尖晶石氧化物。这就解释了四种合金涂层氧化 500 h 后的氧化产物在 800 ℃下所呈现出的 ASR 值大小关系。因此 Cu 掺杂的 Co-Mn 涂层和 Cu-Mn 涂层作为固体氧化物燃料电池金属连接体高温耐蚀涂层有着重要的研究意义,接下来的研究需要适当控制两种合金涂层中 Cu 的加入量,进一步提高合金涂层的整体性能。

　　氧化 500 h 后,Mn-Cu 系与 Co-Mn 系尖晶石涂层都对 Fe,Cr 基体元素的抑制作用明显。除 Co-Mn 和 Co-Mn-La 涂层表面检测到微量元素 Cr 外,其他涂层均很好地抑制了 Cr 的外扩散,而 Co-Mn-Cu 涂层具有最好的抑制元素 Fe 外扩散性能。物相分析结果表明,Co-Mn-Cu 涂层表面氧化物为单相 $MnCo_2O_4$ 尖晶石,而 Mn-Cu 及其他涂层均有杂质氧化物相 Mn_2O_3 生成(夹杂 Fe_2O_3),如图 5-38 所示。长时间氧化后 Cu 掺杂 Co-Mn 涂层的面比电阻值仅略低于 Mn-Cu 涂层,展示了最好的综合性能,最具有应用前景。但是不足之处是,所有氧化层内部仍有分层的混合氧化物,且含 Fe。

5.5　本章小结

　　采用高能微弧合金化工艺成功制备 Co-33Mn-17Cu 合金涂层,所制备的涂层较为均匀致密且与基材冶金结合良好。当 750 ℃ 下氧化 20 h 和 100 h 时,Co-33Mn-17Cu 涂层的表面氧化物主要为 $MnCo_2O_4$ 尖晶石和 Mn_2O_3。Co-33Mn-17Cu 氧化 100 h 后的氧化膜的 ASR 值约为 14.4 $m\Omega \cdot cm^2$,氧化 500 h 后其至达到了 7.7 $m\Omega \cdot cm^2$。Cu 掺杂到 Co-Mn 涂层中显著提高了涂层氧化层的导电性,使 ASR 值大幅度减小。综合比较 Co-40Mn,Co-38Mn-2La,Co-33Mn-17Cu 和 Mn-35Cu 四种合金涂层热生长随时间演变特点,发现 Co-40Mn,Co-38Mn-2La 和 Co-33Mn-17Cu 涂层随着氧化时间的延长,尖晶石颗粒都呈现出增大的趋势,La 掺杂 Co-40Mn 涂层对生成的尖晶石颗粒的生长有一定的抑制作用。而 Mn-35Cu 涂层随着氧化时间的延长,尖晶石颗粒呈现出先增大后减小的趋势,且最大、最小尖晶石颗粒之间的粒径差较大。随着氧化时间的延长,Co-33Mn-17Cu 和 Mn-35Cu 面比电阻呈现逐渐下降的趋势,且在氧化 500 h 时后其氧化膜在800 ℃下的 ASR 值分别为 7.7 mΩ · cm^2 ,4.2 mΩ · cm^2。Co-33Mn-17Cu 氧化 500 h 后,其表面氧化物单一,主要为 MnCo$_2$O$_4$ 尖晶石氧化物且导电性较好,具有较好的应用前景。而 Mn-Cu 及其他涂层均有少量杂质氧化物相 Mn$_2$O$_3$ 生成(夹杂 Fe$_2$O$_3$),需要进一步设计合金电极中的元素含量,使氧化后的产物单一从而提高涂层的综合性能。

第6章　TiCN 和 TiN 涂层的制备及性能研究

6.1　引言

涂层对基体的保护原理是机械阻挡腐蚀介质离子,因此涂层首先要有一定厚度,但短时间内汇集的脉冲放电能量很大,导致涂层微裂纹等微观缺陷的产生,需用较小输出能量进行涂层优化,使涂层发生二次熔渗以减少微观缺陷。双极板是质子交换膜燃料电池(PEMFC)的重要组成部分,占电池堆质量的 80%、总成本的 45%,其性能将直接影响燃料电池的输出功率及寿命长短等。具有良好的导电性能、机械加工性能、耐腐蚀性是理想双极板的要求。金属双极板因其良好的导电性、机械加工性、成本低等成为首选的双极板材料。但金属双极板在 PEMFC 工作环境下耐蚀能力较差,产生的腐蚀产物不仅会污染质子交换膜和催化剂,使电池寿命降低,还会产生较大的接触电阻,使 PEMFC 电池内阻增大,导致燃料电池整体性能下降。

本书采用高能微弧合金化技术在 304SS 双极板表面沉积 TiCN 和 TiN 梯度涂层,对复合涂层的结构与耐蚀性进行了研究。模拟 PEMFC 环境下动电位极化曲线表明制备的氮化物涂层的自腐蚀电位明显提高,而腐蚀电流密度也较未处理的 304SS 降低了近 1 个数量级;阻抗谱显示氮化物涂层显示双容抗弧特性,其电荷转移电阻较 304SS 升高了近 10 倍;恒电位极化测试得出氮化物涂层的腐蚀电流密度较未处理的 304SS 也有大幅度降低。

TiN 的耐磨性好、摩擦系数低、硬度高等,已被广泛应用于刀具、器械及耐磨性材料等方面。Alicja Krella 等利用阴极电弧法在不锈钢表面制备了 TiN,结果显示涂覆 TiN 后高硬及粘附性是空蚀腐蚀潜伏期延长的主要因素。此外,Li 等利用 TiN 耐蚀性好及类金属的高导电性(电阻率约为 $10^{-7}\ \Omega \cdot m$),制备了 316/TiN 涂层并应用于 PEMFC 双极板,在模拟 PEMFC 的腐蚀环境中,虽有少量腐蚀介质通过涂层微观缺陷渗透到涂层/基体界面,但局部暴露基体仍能钝化,合金具有很低的腐蚀速率。M. Herranen 等指出 Ti 过渡层的存在使 TiN 涂层的耐蚀性能得到显著改善,T. S. Li 采用反应磁控溅射制备了 Ti/TiN,研究发现 Ti/TiN 具有很多优点,如高硬度、韧性好、耐磨性及黏附性好等。

6.2　TiCN 和 Ti / TiCN 涂层形貌及结构分析

304SS/TiCN,304SS/Ti/TiCN 涂层表面形貌如图 6-1 所示。由图 6-1(a)和(c)可知沉积层是由多次放电、反复合金化形成的强化点叠加而成,电极材料以溅溅的形态转移到基体上,单点形貌为中心凹陷周围微隆的飞溅态。郝建军提出了溅射状成因:高能微弧合金化沉积产生的脉冲放电使电极材料熔化,高温高压下熔化材料被保护气(离子、原子、分子)加速,撞击基体表面形成的;也有报道称可能是电极对基体材料的粘连形成的。涂层较平整,表面无明显缺陷。如图 6-1(b)和(d)所示,由界面形貌可看出含 Ti 过渡层的 304SS/Ti/TiCN 涂层较无 Ti 层的平整,涂层与基体结合性较好,但高度集中的能量及材料热膨胀系数的差异使含 Ti 涂层出现少量纵向贯穿裂纹。304SS/TiCN 涂层厚度约为 25 μm,部分区域结合性不好,出现缝隙;304SS/Ti/TiCN 涂层厚度大约为 15 μm,其中白亮区为 Ti,灰暗区为 TiCN,两者相互渗透。

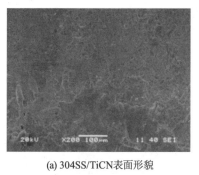

(a) 304SS/TiCN表面形貌

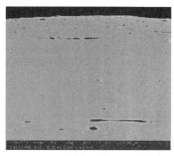

(b) 304SS/TiCN截面形貌

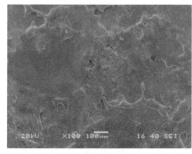

(c) 304SS/Ti/TiCN表面形貌

(d) 304SS/Ti/TiCN截面形貌

图 6-1　涂层形貌

图 6-2(a)可看出 304SS/TiCN 涂层由 $TiC_{0.3}N_{0.7}$ 相、304SS 相组成,TiCN 相是电极材料在高温高压下转移到基体上形成的,304SS 相是由短时间聚集的高能量将电极材料及基体材料熔融,两者相互熔渗扩散形成的。图 6-2(b)304SS/Ti/TiCN 涂层由 $TiC_{0.3}N_{0.7}$ 相、304SS 相及 Ti 组成,相较 304SS/TiCN 涂层约 45°和 65°左右处的 TiCN 峰强度增加、304SS 峰强度降低,且在 63°、75°处出现了 Ti 过渡层相的峰,说明 Ti 过渡层的存在抑制了高能微弧合金化沉积时 304SS 基体向涂层渗透,使表面层中基体的含量下降。

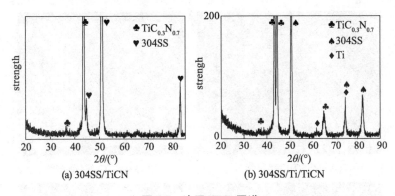

图 6-2　涂层 XRD 图谱

6.3　304SS／TiCN，304SS／Ti／TiCN 涂层的耐蚀性能分析

6.3.1　动电位极化分析

304SS，304SS/TiCN 和 304SS/Ti/TiCN 涂层分别在 1 mol/l，0.5 mol/l，0.1 mol/l HCl 及 1 mol/l H_2SO_4 腐蚀介质中进行了动电位极化曲线的测试(图 6-3)。表 6-1 为 Tafel 曲线外推法得到的参数拟合结果，304SS 的腐蚀电流密度($323.2\ \mu A \cdot cm^{-2}$)是优化 304SS/Ti/TiCN 涂层($38.0\ \mu A \cdot cm^{-2}$)的 8.5 倍，304SS/TiCN，304SS/Ti/TiCN 涂层腐蚀电流密度相差不大，但 304SS/Ti/TiCN 涂层的自腐蚀电位高于 304SS/TiCN；且 304SS/TiCN，304SS/Ti/TiCN 涂层的腐蚀电位均较 304SS 发生了正移。304SS/TiCN，304SS/Ti/TiCN 涂层能提高 304SS 的耐蚀性，且含 Ti 过渡层的耐蚀性能较无 Ti 过渡层稍微好点，但两者相差不大。

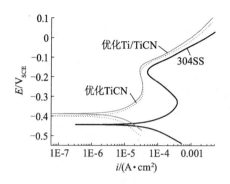

图 6-3　304SS,304SS/TiCN,304SS/Ti/TiCN 在 1 mol/l HCl 中的
动电位极化曲线

表 6-1　不同体系 1 mol/l HCl 中的电化学参数值

涂层	E_{corr}/mV	I_{corr}/($\mu A \cdot cm^{-2}$)
304SS	−443.1	323.2
TiCN	−399.6	36.8
Ti/TiCN	−388.1	38.0

304SS、优化 304SS/TiCN 和 304SS/Ti/TiCN 涂层在 0.5 mol/l
HCl 溶液中的动电位极化曲线如图 6-4 所示,动电位极化拟合数据
见表 6-2。304SS 的腐蚀电流密度($34.7\ \mu A \cdot cm^{-2}$)约是优化
304SS/TiCN 涂层($19.3\ \mu A \cdot cm^{-2}$)的 2 倍,是 304SS/Ti/TiCN 涂
层($4.6\ \mu A \cdot cm^{-2}$)的 7.5 倍;且两涂层腐蚀电位均较 304SS 基体
发生了正移。

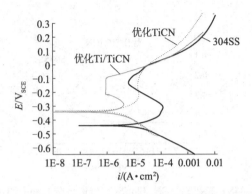

图 6-4 304SS,304SS/TiCN,304SS/Ti/TiCN 涂层在 0.5 mol/l HCl 中的动电位极化曲线

表 6-2 不同体系在 0.5 mol/l HCl 的电化学参数值

涂层	E_{corr}/mV	I_{corr}/$\mu A \cdot cm^{-2}$
304SS	-440.9	34.7
TiCN	-335.5	19.3
Ti/TiCN	-343.0	4.6

图 6-5 为 304SS、优化 304SS/TiCN 和 304SS/Ti/TiCN 涂层 0.1 mol/l HCl 溶液中的动电位极化曲线,拟合数据见表 6-3。304SS 腐蚀电位下处于活化状态, -164.6 mV$_{SCE}$处腐蚀电流密度迅速增加,Cl$^-$ 在 304SS 表面不均匀吸附使钝化膜不均匀破坏, 304SS 基体发生点蚀,电流密度增大。304SS/TiCN、304SS/Ti/TiCN 涂层均表现出活性溶解,但 304SS/TiCN,304SS/Ti/TiCN 涂层腐蚀电位(分别为 -93.5 mV$_{SCE}$, -20.0 mV$_{SCE}$)均高于 304SS 基体点蚀电位,基体耐蚀性得到了显著改善。304SS 的腐蚀电流密度是 304SS/TiCN 涂层的 38 倍,是 304SS/Ti/TiCN 涂层的 42 倍。304SS/TiCN,304SS/Ti/TiCN 涂层的阳极腐蚀电流均小于 304SS 的,且两涂层腐蚀电位均远高于 304SS,说明优化的涂层耐腐蚀性能较 304SS 好,且 304SS/Ti/TiCN 涂层的耐蚀性能优于 304SS/TiCN。

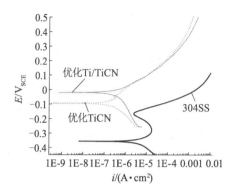

图 6-5　304SS,304SS/TiCN,304SS/Ti/TiCN 在 0.1 mol/l HCl 中的
动电位极化曲线

表 6-3　不同体系在 0.1 mol/l HCl 中的电化学参数值

涂层	E_{corr}/mV	$I_{corr}/(\mu A \cdot cm^{-2})$
304SS	-397.2	16.7
TiCN	-93.5	0.4
Ti/TiCN	-20.0	0.4

图 6-6 为 304SS、优化 304SS/TiCN、304SS/Ti/TiCN 涂层在 1 mol/l H_2SO_4 溶液中的动电位极化曲线,三者均出现明显钝化现象,拟合数据见表 6-4。304SS/TiCN、304SS/Ti/TiCN 涂层的腐蚀电位(分别为 $-324.1\ mV_{SCE}$、$-325.6\ mV_{SCE}$)均高于 304SS 基体($-491.3\ mV_{SCE}$)。是 304SS 的腐蚀电流密度($429.9\ \mu A \cdot cm^{-2}$)是优化 304SS/TiCN 涂层($14.4\ \mu A \cdot cm^{-2}$)的 30 倍,是 304SS/Ti/TiCN 的 30.5 倍;304SS/TiCN、304SS/Ti/TiCN 涂层的阳极腐蚀电流密度比 304SS 基体小了 2 个数量级,且腐蚀电位均高于 304SS 基体,说明优化涂层的耐腐蚀性较 304SS 得到了提高,且含 Ti 过渡层的 304SS/Ti/TiCN 涂层耐蚀性能较 304SS/TiCN 稍微更好一些。

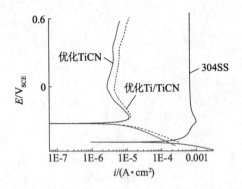

图 6-6　304SS,304SS/TiCN,304SS/Ti/TiCN 在 1 mol/l H$_2$SO$_4$ 中的
　　　动电位极化曲线

表 6-4　不同体系在 1 mol/l H$_2$SO$_4$ 中的电化学参数值

涂层	E_{corr}/mV_{SCE}	$I_{corr}/(\mu A \cdot cm^{-2})$
304SS	−491.2	429.9
TiCN	−324.1	14.4
Ti/TiCN	−325.6	14.2

6.3.2　304SS/TiCN 涂层电化学阻抗谱分析

不同浓度 H$_2$SO$_4$,HCl 溶液中 304SS,304/TiCN,304SS/Ti/TiCN
的阻抗谱测试如下:304SS,304SS/TiCN 和 304SS/Ti/TiCN 涂层在
1 mol/l HCl 溶液中浸泡 30 min 后的电化学阻抗谱如图 6-7 所示。
Nyquist 图在中高频端阻抗谱均呈单一容抗弧,304SS/Ti/TiCN 涂层
出现双容抗弧。

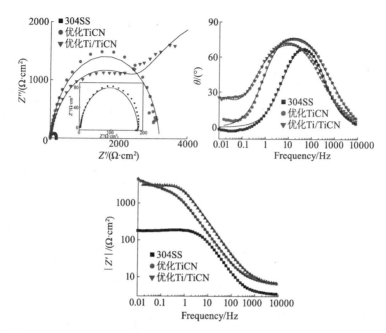

图 6-7 304SS,304SS/TiCN 和 304SS/Ti/TiCN 涂层在 1 mol/l HCl 中的
电化学阻抗谱(点为测试数据,线为拟合数据)

阻抗谱拟合结果可知:304SS/TiCN、304SS/Ti/TiCN 涂层的阻抗值均达 3 个数量级,较 304SS 基体高出 1 个数量级,涂层的阻抗值明显增大,耐蚀性得到了提高。

304SS,304SS/TiCN 和 304SS/Ti/TiCN 涂层试样在 1 mol/l H_2SO_4 溶液中浸泡 30 min 后的电化学阻抗谱如图 6-8 所示。Nyquist 图中 304SS/TiCN 和 304SS 阻抗谱的高频区均呈单一容抗弧,304SS/Ti/TiCN 呈现双容抗弧。304SS/TiCN,304SS/Ti/TiCN 涂层的阻抗值达 3 个数量级,较 304SS 提高了 1 个数量级,试样耐蚀性能得到了改善。

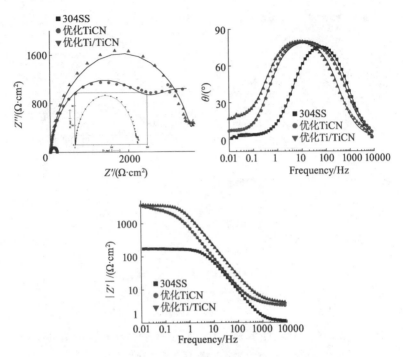

图6-8 304SS,304SS/TiCN 和 304SS/Ti/TiCN 涂层在 1 mol/l H₂SO₄ 中的
电化学阻抗谱(点为测试数据,线为拟合数据)

6.3.3 涂层的恒电位极化曲线分析

304SS、304SS/TiCN 和 304SS/Ti/TiCN 涂层在 1 mol/l H₂SO₄ 溶
液中 600 mV$_{SCE}$下的恒电位极化曲线如图 6-9 所示。极化初期,三者
的极化电流密度均随着时间迅速下降,极化约 1 h 后三者的极化电
流均趋于稳定。304SS 的极化电流密度维持在 1.81×10^{-6} A·cm^{-2},
304SS/TiCN 涂层维持在 2.29×10^{-7} A·cm^{-2},且仍保持下降趋势,
304SS/Ti/TiCN 涂层维持在 2.13×10^{-7} A·cm^{-2},下降趋势不太明
显。说明 600 mV$_{SCE}$下 304SS/TiCN,304SS/Ti/TiCN 涂层能有效地
抑制 SO₄$^{2-}$腐蚀介质向基体合金的渗透,保护基体不被腐蚀,且在
极化前后涂层的表面并无明显变化,说明涂层在 PEMFC 中有较高
稳定性。

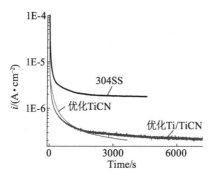

图 6-9　304SS、304SS/TiCN 和 304SS/Ti/TiCN 在 1 mol/l H$_2$SO$_4$ 中的 600 mV$_{SCE}$恒电位极化曲线

600 mV$_{SCE}$工作电压下，304SS、304SS/TiCN 和 304SS/Ti/TiCN 涂层在 0.3 mol/l H$_2$SO$_4$ 溶液中的恒电位极化曲线如图 6-10 所示。极化初期，三者的极化电流密度均随时间迅速下降，极化约 10 min 后，极化电流密度几乎维持恒定。304SS 的极化电流密度维持在 5.4 × 10^{-7}A · cm^{-2}；304SS/TiCN 涂层维持在 4.36 × 10^{-7}A · cm^{-2}，且保持下降的趋势；304SS/Ti/TiCN 涂层维持在 1.68 × 10^{-7}A/cm^2，极化电流密度最小且同样保持下降趋势。对比不同浓度 H$_2$SO$_4$ 溶液中的恒电位极化，浓度低的 SO$_4^{2-}$ 环境中涂层极化电流密度更小，与动电位极化曲线及阻抗谱吻合。说明在 600 mV$_{SCE}$下 0.3 mol/l H$_2$SO$_4$ 环境中，304SS/TiCN 和 304SS/Ti/TiCN 涂层能有效地抑制腐蚀介质向基体的渗透，且在极化前后涂层的表面并无明显变化，涂层的稳定性较高。

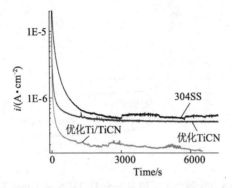

图 6-10   304SS，304SS/TiCN 和 304SS/Ti/TiCN 在 0. 3 mol/l H_2SO_4 中的 600 mV_{SCE} 恒电位极化曲线

6. 3. 4   涂层的高温氧化性能分析

304SS、优化 304SS/TiCN 和 304SS/Ti/TiCN 涂层在 800 ℃空气中的氧化动力学曲线如图 6-11 所示，氧化初期，304SS，304SS/TiCN 和 304SS/Ti/TiCN 涂层的氧化增重量急剧增加，随后增重量基本维持不变。304SS 增重量大约是 304SS/TiCN 的 4 倍，是 304SS/Ti/TiCN 的 9 倍，说明 304SS/TiCN 和 304SS/Ti/TiCN 涂层在 800 ℃空气中氧化时其抗高温氧化性能有所改善，304SS/Ti/TiCN 涂层的性能更好。

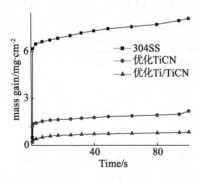

图 6-11   304SS，优化 304SS/TiCN 和 304SS/Ti/TiCN 涂层在 800 ℃空气中的氧化曲线

6.4　TiN 和 Ti / TiN 涂层结构及性能研究

6.4.1　涂层组织结构分析

304SS/TiN 涂层形貌如图 6-12 所示。沉积层颜色较基体灰暗,界线较清晰但界面不都在同一平面,说明高能微弧合金化沉积过程中基体发生了熔化。沉积层与基体结合处只存在极少数间隙,说明沉积层与 304SS 呈冶金结合,沉积层厚度约为 15 ~ 20 μm。

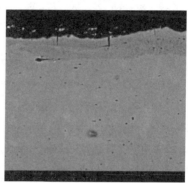

　　　(a) 304SS/TiN　　　　　　　　　(b) 304SS/Ti/TiN界面形貌

图 6-12　涂层形貌

涂层表层出现少量纵向贯穿裂纹,这是由于 TiN 的线膨胀系数(9.35×10^{-6} K^{-1})与 304SS 基体(14.4×10^{-6} ~ 16×10^{-6} K^{-1})不匹配,高能微弧合金化沉积过程中产生的高温及内应力促使了裂纹的发生。304SS/Ti/TiN 涂层界面较 304SS/TiN 裂纹减少,且为非贯穿的纵裂纹,这是因为过渡层 Ti 的线膨胀系数(10.8×10^{-6} K^{-1})与 TiN 相近,减少了裂纹的发生及发展。

图 6-13(a)为 304SS/Ti/TiN 涂层的 XRD 图谱,304SS/Ti/TiN 涂层由 TiN 相、304SS 相、Ti 组成。其中,TiN 是电极材料在氮气反应气兼保护气氛下在高温高压下生成 TiN,反应如下:

$$Ti + N_2 \longrightarrow TiN_x$$

图 6-13(b)为 304SS/TiN 的 XRD 图谱,衍射峰含 TiN 和 304SS

两相。

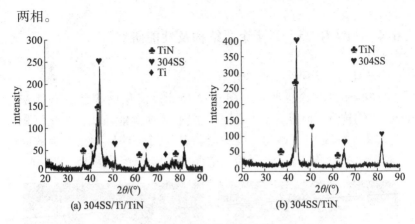

(a) 304SS/Ti/TiN　　　　(b) 304SS/TiN

图 6-13　涂层的 XRD 图谱

6.4.2　TiN 涂层电化学性能分析

304SS,304SS/TiN 和 304SS/Ti/TiN 涂层在 1 mol/l HCl 溶液中的动电位极化曲线如图 6-14 所示,极化拟合数据见表 6-5:304SS 的腐蚀电流密度为 323.2 $\mu A \cdot cm^{-2}$,是 304SS/TiN 涂层(45.2 $\mu A \cdot cm^{-2}$)的 7 倍,是 304SS/Ti/TiN 涂层(11.1 $\mu A \cdot cm^{-2}$)的 29 倍;304SS/TiN,304SS/Ti/TiN 的腐蚀电位均较 304SS 发生了正移,说明优化的 304SS/TiN 和 304SS/Ti/TiN 涂层的耐蚀性能得到了显著提高,304SS/Ti/TiN 涂层的耐蚀性能优于 304SS/Ti/TiN 涂层。

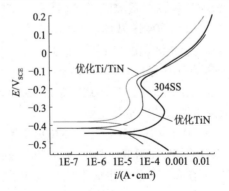

图 6-14　304SS,304SS/TiN 和 304SS/Ti/TiN 涂层在 1 mol/l HCl 中的
动电位极化曲线

表 6-5　不同体系在 1 mol/l HCl 中的电化学参数

涂层	E_{corr}/mV_{SCE}	$I_{corr}/(\mu A \cdot cm^{-2})$
304SS	-443.0	323.2
TiN	-415.8	45.2
Ti/TiN	-380.5	11.1

图 6-15 为 304SS,304SS/TiN 和 304SS/Ti/TiN 涂层在 1 mol/l H_2SO_4 中的动电位极化曲线。涂层均能发生钝化,且钝化区间范围较宽。拟合数据见表 6-6,304SS 的腐蚀电流密度(797.0 $\mu A \cdot cm^{-2}$)是 304SS/TiN 涂层(49.4 $\mu A \cdot cm^{-2}$)的 16 倍,是 304SS/Ti/TiN 涂层(30.7 $\mu A \cdot cm^{-2}$)的 26 倍;304SS/TiN、304SS/Ti/TiN 涂层的阳极钝化区间腐蚀电流维持在 1 $\mu A \cdot cm^{-2}$,均小于 304SS(100 $\mu A \cdot cm^{-2}$),且腐蚀电位均高于 304SS。说明优化后的涂层耐腐蚀性能较 304SS 好,且含 Ti 过渡层的 304SS/Ti/TiCN 涂层耐蚀性能较 304SS/TiCN 更优。

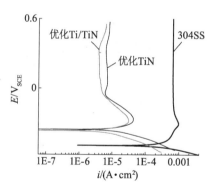

图 6-15　304SS,304SS/TiN 和 304SS/Ti/TiN 在 1 mol/l H_2SO_4 中的动电位极化曲线

表 6-6　不同体系在 1 mol/l H_2SO_4 中的电化学参数

涂层	E_{corr}/mV_{SCE}	$I_{corr}/(\mu A \cdot cm^{-2})$
304SS	-491.2	797.0
TiN	-354.2	49.4
Ti/TiN	-365.2	30.7

6.4.3　涂层电化学阻抗谱分析

304SS,304SS/TiN 和 304SS/Ti/TiN 涂层试样在 1 mol/l HCl 溶液中浸泡 30 min 后的电化学阻抗谱如图 6-16 所示:Nyquist 图在高频区呈单一容抗弧,304SS,304SS/TiN 和 304SS/Ti/TiN 的容抗弧半径依次增大。Bode 图中 lg |Z| – lg f 曲线显示 304SS/TiN 涂层的阻抗值达 3 个数量级,304SS/Ti/TiN 则达到了 4 个数量级,远大于 304SS 基体,耐蚀性能得到了显著提高。相较于 304SS/TiN 涂层,含 Ti 过渡层的 304SS/Ti/TiN 的容抗弧半径明显增大,这可能是由于 Ti 过渡层显著地提高了膜的屏蔽性,有效阻挡了腐蚀介质中的 Cl^- 向基体的扩散,使涂层的稳定性提高。

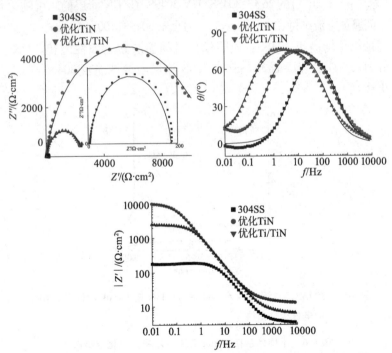

图 6-16　304SS,304SS/TiN 和 304SS/Ti/TiN 在 1 mol/l HCl 中的电化学阻抗谱

图 6-17 为 304SS,304SS/TiN 和 304SS/Ti/TiN 涂层在 1 mol/l H_2SO_4 溶液中浸泡 30min 后的阻抗谱:Nyquist 曲线显示 304SS,

304SS/TiN 和 304SS/Ti/TiN 的阻抗谱高频端均呈单一的容抗弧，容抗弧半径依次明显增大，沉积涂层的耐蚀性能得到了提高，Ti 过渡层的存在使材料的耐蚀性进一步得到改善。lg |Z| - lg f 曲线显示 304SS/TiN 和 304SS/Ti/TiN 涂层的阻抗值达到 3 个数量级，较304SS 增大了 1 个数量级，说明试样的耐蚀性能得到了改善。

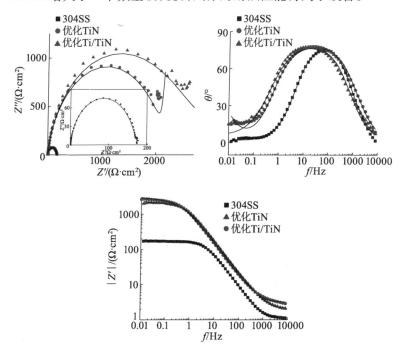

图 6-17　304SS，304SS/TiN 和 304SS/Ti/TiN 涂层在 1 mol/l H_2SO_4 中的
电化学阻抗谱

6.4.4　涂层恒电位极化分析

600 mV_{SCE} 工作电压下，304SS，304SS/TiN 和 304SS/Ti/TiN 涂层在 1 mol/l H_2SO_4 中的恒电位极化曲线如图 6-18 所示。极化初期，三者的极化电流密度均随时间迅速下降，极化约 2 h 后 304SS 的极化电流密度维持在 1.79 $\mu A \cdot cm^{-2}$，而 304SS/TiN 涂层的极化电流密度维持在 0.328 $\mu A \cdot cm^{-2}$，304SS/Ti/TiN 涂层极化电流密

度维持在 0.216 μA·cm^{-2},均低于 304SS 基体,且两者均保持下降趋势。说明在 600 mV$_{SCE}$ 下,304SS/TiN 和 304SS/Ti/TiN 涂层能更有效地抑制腐蚀介质向基体合金的渗透,从而保护基体合金,且极化前后涂层表面无明显变化,说明涂层具有较高稳定性,且 304SS/Ti/TiN 的稳定性高于 304SS/TiN。

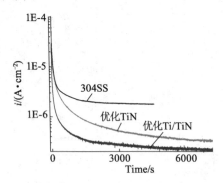

图 6-18　304SS,304SS/TiN 和 304SS/Ti/TiN 在 1 mol/l H$_2$SO$_4$ 中的
　　　　600 mV$_{SCE}$ 恒电位极化曲线

6.4.5　涂层高温氧化性能分析

304SS,优化 304SS/TiN 和 304SS/Ti/TiN 涂层在 800 ℃空气中氧化动力学曲线如图 6-19 所示。氧化初期,304SS 和 304SS/TiN,304SS/Ti/TiN 涂层的氧化增重量急剧增加,随后增重量基本维持不变。304SS 的增重量大约是 304SS/TiN 的 2.7 倍,是 304SS/Ti/TiN 的 9.2 倍,说明 304SS/TiN 和 304SS/Ti/TiN 涂层在 800 ℃空气中氧化时具有更好的抗高温氧化性能,其中 304SS/Ti/TiN 涂层的性能更好。

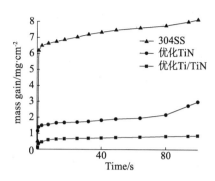

图 6-19　304SS，优化 304SS/TiN 和 304SS/Ti/TiN 涂层
在 800 ℃空气中的氧化曲线

6.5　本章小结

本章采用高能微弧合金化沉积技术在 304SS 表面制备了
304SS/TiCN，304SS/Ti/TiCN，304SS/TiN 和 304SS/Ti/TiN 涂覆层，
分析了沉积层的表面形貌、界面行为、物相结构、耐蚀性能及高温
氧化性能。

XRD 分析表明涂层主要由 304SS 和 $TiC_{0.3}N_{0.7}$ 相组成，说明沉
积过程中基体及电极材料均发生熔融并相互熔渗，且 Ti 过渡层的
存在使基体向涂层熔渗的量减少。动电位极化、恒电位极化、阻抗
测试表明涂层在酸性较弱环境中的耐蚀性能较好，且 SO_4^{2-} 离子腐
蚀介质中的耐蚀性较 Cl^- 强，且涂层的稳定性很好。阻抗谱与极化
结果相一致，说明沉积 TiCN 和 TiN 涂层后 304SS 基体的耐蚀性得
到了明显的改善。恒电位极化表明涂层在腐蚀介质中的稳定性很
好，测试前后涂层表面无明显腐蚀。800 ℃下空气中氧化 100 h
后，涂层及 304SS 基体均出现部分剥落，但较 304SS 基体，沉积涂层
的试样相同时间的氧化增重量降低，说明 304SS/TiCN，304SS/Ti/
TiCN，304SS/TiN 和 304SS/Ti/TiN 涂层的抗氧化能力较 304SS 有
所提高。

参考文献

[1] Yong S G, Deadmore D L. An experimental low cost silicon/aluminide high temperature coating for surperalloy [J]. Thin Solid Films, 1980, 73:373 – 378.

[2] Zhao X, Wang X, Xiao P. Sintering and failure behaviour of EB – PVD thermal barrier coating after isothermal treatment [J]. Surface and Coatings Technology,2006, 200: 5946 – 5955.

[3] Li H F, Tao S F, et al. Element diffusion during fabrication of EB – PVD NiAl coating and its $1100°C$ isothermal oxidation behavior (II) [J], Surface and Coatings Technology, 2007, 201: 6589 – 6592.

[4] Lang F Q, Narita T. Improvement in oxidation resistance of a Ni_3Al – based superalloy IC6 by rhenium – based diffusion barrier coatings [J]. Intermetallics, 2007, 15:599 – 606.

[5] Wang A P, Wang Z M,Zhang J, et al. Deposition of HVAF – sprayed Ni – based amorphous metallic coatings [J]. Journal of Alloys and Compounds, 2007, 440: 225 – 228.

[6] Singh H, Purib D, et al. Characterization of oxide scales to evaluate high temperature oxidation behavior of Ni-20Cr coated superalloys [J]. Materials Science and Engineering A, 2007, 464:110 – 116.

[7] Wang F H, Lou H Y, Zhu S L, et al. The mechanism of scale adhesion on sputtered microcrystallized CoCrAl films [J]. Oxidation of Metal, 1996, 45:39 – 50.

[8] Liu Z Y,Gao W, Dahm K L, et al. Improved oxide spallation resistance of microcrystalline Ni-Cr-Al coating [J]. Oxidation of Metal, 1998, 50:51 – 69.

[9] Xie Y J, Wang M C. Epitaxial MCrAlY coating on a Ni – base superalloy produced by electrospark deposition [J]. Surface and Coatings Technology, 2006, 201:3564 – 3570.

[10] Li Z W, Gao W. Improving oxidation resistance of Ti3Al and TiAl intermetallic compounds with electro – spark deposit coatings [J]. Materials Science and Engineering, 2003, A347:243 – 252.

[11] Frangini S, Masci A, Bartolomeo A D. Cr_7C_3 – based Cermet Coating Deposition on Stainless Steel by Electrospark Process: Structural Characteristics And Corrosion Behavior [J]. Surface and Coatings Technology, 2002, 149:279 – 286.

[12] Pettit F S. Oxidation mechanism for nickel – chromium – aluminum alloys at temperatures between 900 ℃ and 1000 ℃ [J]. Oxidation of Metal, 1991, 35:317 – 332.

[13] Horton J A, Cathcart J V, C T Liu. Effect of Chromium on Early Stages of Oxidation of Ni_3Al alloy at 600 ℃ [J]. Oxidation of Metal, 1998, (29):347 – 365.

[14] 叶长江. Ni_3Al 基合金的高温氧化及中温脆化[D]. 中国科学院金属腐蚀与防护研究所博士论文,1994.

[15] Gesmundo F, Niu Y, Viani F. The transition from the formation of mixed scales to the selective oxidation of the most reactive component in the corrosion of single and two phase binary alloys [J]. Oxidation of Metals, 1993, 40: 373 – 393.

[16] Lou H Y, Wang F H, Xia B J, et al. High temperature oxidation resistance of sputtered micro – grain superalloy K38G [J]. Oxidation of Metals, 1992, 38(3/4):299 – 307.

[17] Agarwal A, Narendra Dahotre B. In – Situ synthesis of intermetallic and ceramic coating using pulse electrode surfacing [J].

Scripta Materialia, 2000,42: 493 –498.

[18] Xie Y J, Wang M C. Microstructural morphology of electrospark deposition layer of High gamma prime superalloy [J]. Surface and Coatings Technology 2006, 201: 691 –698.

[19] Wang R J, Qian Y Y, Liu J. Interface behavior study of WC92 – Co8 coating produce by electrospark deposition [J]. Applied Surface Science, 2005, 240:42 –47.

[20] 郭平义,邵勇,等. 高能微弧合金化制备 Fe_3Al 微晶涂层及其高温氧化性能. 中国腐蚀与防护学报,2009,29:431 –435.

[21] Lee W H, Lin R Y, et al. Hot corrosion mechanism of intermetallic compound Ni_3Al [J]. Materials Chemistry and Physics, 2002, 77: 86 –96.

[22] Gao W, Zheng W L, et al. Oxidation behavior of Ni_3Al and FeAl intermetallics under low oxygen partial pressures[J]. Intermetallics, 2002,10: 263 –271.

[23] Levashov E A, Vakaev P V. Disperse – strengthening by nanoparticles advanced tribological coatings and electrode materials for their deposition [J]. Surface Coatings Technology, 2007, 201:6176 –6181.

[24] Johnson G N, Sheldon G L. Advances in the electrospark deposition coating process[J]. Journal of Vacuum Science & Technology A: Vacuum, Surfaces, and Films, 1986, 4(6): 2740 – 2746.

[25] Lesnjak A, Tusek J. Process and properties of deposits in electrospark deposition[J]. Science and Technology of Welding and Joining, 2002, 7(6): 391 –396.

[26] Parkansky N, Boxman R L, Goldsmith S. Development and application of pulsed – air – arc deposition[J]. Surface and Coating Technology, 1993, 61(1 –3): 268 –273.

[27] Pedraza F, Grosseau – Poussard J L, et al. Evolution of oxide

scales on an ODS FeAl intermetallic alloy during high temperature exposure in air[J]. Intermetallics,2005,13: 27 – 33.

[28] Godlewska E, Szczepanik S, et al. FeAl materials from intermetallic powders. Intermetallics, 2003, 11:307 – 312.

[29] Szczucka-Lasota B, Formanek B, et al. Growth of corrosion products on thermally sprayed coatings with FeAl intermetallic phases in aggressive environments[J]. Journal of Materials Processing Technology, 2005, 164 – 165:930 – 934.

[30] Montealegre M A, Gonzalez-Carrasco J L, et al. The high temperature oxidation behavior of OdS FeAl alloy[J]. Intermetallics, 2008:439 – 446.

[31] 牛焱,侯嫣. 高温氧化时 Al_2O_3/FeAl 界面孔洞形成过程的分析. 金属学报,2003,39(10):1065 – 1070.

[32] Levashov E A, Vakaev P V , et al. Nanoparticle dispersion – strengthened coatings and electrode materials for electrospark deposition[J]. Thin Solid Films, 2006, 515, 1161 – 1165.

[33] Frangini S, Masci A. Intermetallic FeAl based coatings deposited by the electrospark technique: corrosion behavior in molten (Li + K) carbonate [J]. Surface and Coatings Technology, 2004,184: 31 – 39.

[34] Zhang Z G, Niu Y. Effect of Chromium on the Oxidation of a Fe – 10Al Alloy at 1000 ℃ [J]. Material Science Forum, 2005, 475 – 479:685 – 688.

[35] Boggs W E. The Oxidation of Iron – Aluminum Alloys from 450 ℃ to 900 ℃ [J]. Journal of Electrochemistry Society, 1971, 118 (6): 906 – 913.

[36] Saegusa F, Lee L. Oxidation of Iron – Aluminum Alloys in the Ranges 500 – 1000 ℃[J]. Corrosion, 1966, 22:168 – 177.

[37] Kartha S, Grimes P. Fuel Cells: Energy Conversion for the Next Century[J]. Physics Today, 2008, 11(11): 54 – 61.

[38] Wachsman E D, Marlowe C A, Kang T L. Role of solid oxide fuel cells in a balanced energy strategy[J]. Energy and Environmental Science, 2012, 5(2): 5498 –5509.

[39] 王志成, 钱斌, 张慧国. 燃料电池:原理・技术・应用[M]. 北京: 科学出版社, 2003: 59 –68.

[40] Kordesch K V, Simader G R. Environmental Impact of Fuel Cell Technology[J]. Chemical Reviews, 1995, 95(1): 191 –207.

[41] 余良浩. 固体氧化物燃料电池钙钛矿阴极材料的研究[D]. 安徽理工大学硕士学位论文,2015: 5 –17.

[42] Zhu W Z, Deevi S C. Development of interconnect materials for solid oxide fuelcells[J]. Mater. Sci. Eng, 2003, 348: 227 –243.

[43] Shaigan N, Qu W, Ivey D G, et al. A review of recent progress in coatings surface modifications and alloy developments for solid oxide fuel cell ferritic stainless steel interconnects[J]. Power Sources, 2010, 195: 1529 –1542.

[44] Fergus J W. Sealants for solid oxide fuel cells[J]. Journal of Power Sources, 2005, 147: 46 –57.

[45] Yi H B, Lees D G. Effects of surface – applied oxide films containing varying amounts of yittria, chromia, or alumia on the high – temperature oxidation behavior of chromia – forming and alumina – forming alloys [J]. Oxidation of Metals, 2000, 53(5): 507 –527.

[46] Li J, Pu J, Hua B, et al. Oxidation kinetics of Haynes 230 alloy in air at temperatures between 650 and 850 ℃[J]. Journal of Power Sources, 2006, 159(1): 641 –645.

[47] Geng S J, Zhu J H, Li Z G. Evaluation of Haynes 242 alloy as SOFC interconnect material [J]. Solid State Ionics, 2006, 177(5 –6): 559 –568.

[48] Yang Z, Walker M S, Singh P, et al. Oxidation behavior of fer-

ritic stainless steels under SOFC interconnect exposure conditions [J]. Electrochemical Society, 2004, 151(12): B669 – B678.

[49] Elangovan S, Hartvigsen J, Lashway R, et al. Metal interconnect development for solid oxide fuel cells [J]. Transactions of the Indian Institute of Metals, 2004, 57(4): 311 –313.

[50] Yang Z, Xia G G, Wang C M, et al. Investigation of iron – chromium – niobium – titanium ferritic stainless steel for solid oxide fuel cell interconnect appliacations [J]. Journal of Power Sources, 2008, 183(2): 660 – 667.

[51] Dikmen S, Aslanbay H, Dikmen E, et al. Hydrothermal preparation and electrochemical properties of Gd^{3+} and Bi^{3+}, Sm^{3+}, La^{3+}, and Nd^{3+} codoped ceriaobased electrolytes for intermediate temperature solid oxide fuel cell [J]. Journal of Power Sources, 2010, 195: 2488 –2489.

[52] 陈宏. 电沉积法制备 Mn-Ni 合金层的组织结构及高温氧化行为[D]. 哈尔滨工业大学硕士学位论文, 2012: 43 –57.

[53] Konysheva E, H Penkalla, E Wessel, et al. Chromium poisoning of perovskites cathodes by the ODS alloy $Cr_5Fe1Y_2O_3$ and the high chromium ferritic steel Crafer 22 APU [J]. Journal of the Electrochemical Society, 2006, 153(4): A765 – A773.

[54] Yang Z, Weil K S, Paxton. D M, et al. Selection and evaluation ofheat – resistant alloys for SOFC interconnect applications [J]. Journal of theElectrochemical Society, 2003, 150: A1188 – 1201.

[55] Linderoth S. Controlled reactions between chromia and coating on alloy surface [J]. Surface and Coatings Technology, 1996, 80(1 –2):185 –189.

[56] Huczkowski P, Shemet V, Piron – Abellan J, et al. Oxidation limited life times of chromia formingferritic steels [J]. Materials and Corrosion, 2004, 55(11): 825 –830.

[57] Qua W, Lia H, Iveyb D G. Sol – gel coatings to reduce oxide growth in interconnects used for solid oxide fuel cells [J]. Journal of Power Sources, 2004, 138(1 – 2): 162 – 173.

[58] Yoon J S, Lee J, Hwang H J, et al. Lanthanum oxide – coated stainless steel for bipolar plates in solid oxide fuel cells (SOFCs) [J]. Journal of Power Sources, 2008, 181(2): 281 – 286.

[59] Zhen Y D, Jiang S P, Zhang S, et al. Interaction between metallic interconnect and constituent oxides of (La, Sr)MnO$_3$ coating of solid oxide fuel cells [J]. Journal of the European Ceramic Society, 2006, 26(15): 3253 – 3264.

[60] Johnson C, Orlovskaya N, Coratolo A, et al. The effect of coating crystallization and substrate impurities on magnetron sputtered doped LaCrO$_3$ coatings for metallic solid oxide fuel cell interconnects [J]. International Journal of Hydrogen Energy, 2009, 34(5): 2408 – 2415.

[61] Yang Z G, Xia G, Li X S, et al. (Mn, Co)$_3$O$_4$ Spinel Coatings on Ferritic Stainless Steels for SOFC Interconnect Applications [J]. International Journal of Hydrogen Energy 32(16): 3648 – 3654.

[62] Liu Q, Dong X, Xiao G, et al. A novel electrode material for symmetrical SOFCs[J]. Adv, Mater, 2010, 22:5478 – 5482.

[63] Ou D R, Cheng M, Wang X. Development of low – temperature sintered Mn-Co spinel coatings on Fe-Cr ferritic alloys for solid oxide fuel cell interconnect applications [J]. Journal of Power Sources, 2013, 236: 200 – 206.

[64] Zhu J H, Zhang Y, Basu A, Lu Z G, et al. LaCrO$_3$ – based coatings on ferritic stainless steel for solid oxide fuel cell interconnect applications [J]. Surface and Coatings Technology, 2004, 177: 65 – 72.

[65] Lee C, Ba J. Oxidation – resistant thin film coating on ferritic

stainless steel by sputtering for solid oxide fuel cells [J], 2008, 516(18): 6462 - 6457.

[66] Bhalla S, Guo R, Roy R. The perovskite structure - a review of its role in ceramic science and technology [J]. Materials Research Innovations, 2000, 4: 3 - 26.

[67] Johnson R. Gemmen N. O. Nano - structured self - assembled $LaCrO_3$ thin film deposited by RF - magnetron sputtering on a stainless steel interconnect material [J]. Composites Part B: Engineering, 2004, 35(2): 167 - 172.

[68] Palcut M, Mikkelsen L, Neufeld K. Efficient dual layer interconnect coating for high temperature electrochemical devices [J]. Hydrogen Energy, 2012, 37: 14501 - 14510.

[69] Yang X, Guo H T, Yu Q. Fabrication of Co_3O_4 and $La_{0.6}Sr_{0.4}CoO_{3-\delta} - Ce_{0.8}Gd_{0.2}O_{2-\delta}$ dual layer coatings on SUS430 steel by in - situ phase formation for solid oxide fuel cell interconnects [J]. Hydrogen Energy, 2015, 40: 607 - 614.

[70] Ni M, Shai G, D Glas, et al. $Co/LaCrO_3$ composite coatings for AISI 430 stainless steel solid oxide fuel cell interconnects [J]. Journal of Power Sources, 2013, 56:331 - 337.

[71] Park B K, Song R H, Lee S B. Aperovskite - type lanthanum cobaltite thin film synthesized via an electrochemical route and its application in SOFC interconnects [J]. Electrochem. Soc., 2015, 162:1549 - 1554.

[72] Yurek G J, Przybylski K. Segregation of Y to grain boundaries in Cr_2O_3 and NiO scales formed on an ODS alloy[J]. Journal of the Electrochemical Society, 1987, 10: 2643 - 2644.

[73] Guo H B, Wang X Y, Li J, et al. Effects of Dy on cyclic oxidation resistance of NiAl alloy[J]. Transactions of Nonferrous Metals Society of China, 2009, 19(5): 1185 - 1189.

[74] Zhang T, Guo H B, Gong S K, et al. Effects of Dy on the ad-

herence of $Al_2O_3/NiAl$ interface: a combined first – principles and experimental studies[J]. Corrosion Science, 2013, 66: 59 – 66.

[75] Li D Q, Guo H B, Wang D, et al. Cyclic oxidation of β – NiAl with various reactive element dopants at 1200 ℃ [J]. Corrosion Science, 2013, 66: 125 – 135.

[76] Zhao X S, Zhou C G. Effect of Y_2O_3 content in the pack on microstructure and hot corrosion resistance of YCo-modified aluminide coating[J]. Corrosion Science, 2014, 86: 223 – 230.

[77] Wang K L, Zhu Y M, Zhang Q B, et al. Effect of rare earth cerium on the microstructure and corrosion resistance of laser cladded nickel – base alloy coatings[J]. Journal of Materials Processing Technology, 1997, 63: 563 – 567.

[78] Lan H, Zhang W G, Zhang Z G. Investigation of Pt – Dy codoping effects on isothermal oxidation behavior of (Co, Ni) – based alloy[J]. Journal of Rare Earths, 2012, 30: 928 – 933.

[79] He J, Guo H B, Zhang Y L, et al. Improved hot – corrosion resistance of Si/Cr co – doped NiAlDy alloy in simulative sea – based engine environment[J]. Corrosion Science, 2014, 85: 232 – 240.

[80] Grolig J G, Froitzheim J, Svensson J E, et al. Coated stainless steel 441 as interconnect material for solid oxide fuel cells: Oxidation performance and chromium evaporation[J]. Journal of Power Sources, 2014, 248: 1007 – 1013.

[81] Yang Z, Xia G, Stevenson J W. $Mn_{1.5}Co_{1.5}O_4$ spinel protection layers on ferritic stainless steels for SOFC interconnect applications[J]. Electrochem Solid State Lett, 2005, 8: 168 – 178.

[82] Choi. J J, Ryu. J H, Hahn B D, et al. Densec spinel $MnCo_2O_4$ film coating by aerosol deposition on ferritic steel alloy for protection of chromic evaporation and low – conductivity scale formation

[J]. Mater Sci, 2009, 44: 843 -851.

[83] Brylewski A, Kruk M, Bobruk A, et al. Structure and electrical properties of Cu – doped Mn-Co-O spinel prepared via soft chemistry and its application in intermediate – temperature solid oxide fuel cell interconnects [J]. Volume 333. 30. 11, 2016, 145 – 155.

[84] Chen G, Xin X, Luo T, et al. $Mn_{1.4}Co_{1.4}Cu_{0.2}O_4$ spinel protective coating on ferritic stainless steels for solid oxide fuel cell interconnect application[J]. Power Sources, 2015, 278: 230 -234.

[85] Masi A, Bellusci M, Mcphail S J, et al. Cu-Mn-Co oxides as protective materials in SOFC technology: The effect of chemical composition on mechanochemical synthesis sintering behaviour, thermal expansion and electrical conductivity[J]. Journal of the European Ceramic Society, 2017, 37: 661 -669.

[86] Park B K, Lee J W, Lee S B, et al. Cu and Ni – doped $Mn_{1.5}Co_{1.5}O_4$ spinel coatings on metallic interconnects for solid oxide fuel cells[J]. Journal of Power Science, 2013, 38: 2043 -2050.

[87] Cong H N, Abbassi K E, Chartier P, et al. Electrically conductive polymer/metal oxide composite electrodes for oxygen reduction[J]. Electrochem. Solid State Lett, 2000, 3: 192 -195.

[88] Waluyo N S, Park B K, Lee S B, et al. (Mn, Cu)$_3O_4$ – based conductive coatings as effective barriers to high – temperature oxidation of metallic interconnects for solid oxide fuel cells [J]. Solid State Electrochem, 2013, 18: 445 -452.

[89] Xu Y, Wen Z, Wang S, et al. Cu doped Mn-Co spinel protective coating on ferritic stainless steels for SOFC interconnect applications[J]. Solid State Ion, 2011, 192: 561 -564.

[90] Wang R, Sun Z, Pal U B, et al. Mitigation of chromium poisoning of cathodes in solid oxide fuel cells employing $CuMn_{1.8}O_4$ spinel coating on metallic interconnect[J]. Power Sources, 2018,

376: 100 - 110.

[91] Harthøj A, Holt T, Møller P, et al. Oxidation behaviour and electrical properties of cobalt/cerium oxide composite coatings for solid oxide fuel cell interconnects[J]. Journal of Power Sources, 2015, 281: 227 - 237.

[92] Tsipis E V, Kharton V V. Electrode materials and reaction mechanisms in solid oxide fuel cells: a brief review[J]. Journal of Solid State Electrochemistry, 2007, 12(11): 1367 - 1391.

[93] Choi J P, Weil K S, Chou Y S, et al. Development of MnCoO Coating with New Aluminizing Process for Planar SOFC Stacks [J]. International Journal of Hydrogen Energy, 2014, 36(7): 4549 - 4556.

[94] 陈刚, 张弛, 上田光敏. 水蒸气对 Fe-Cr-Ni 合金在 800 ℃时的氧化膜形貌的影响[J]. 金属热处理, 2012, 37(10): 25 - 28.

[95] Latreche H, Doublet S, Schutze M, et al. Development of Corrosion Assessment Diagrams for High Temperature Chlorine Corrosion Part II: Development of " Dynamic" Quasistability Diagrams[J]. Oxidation of Metals, 2009, 72(1/2): 31 - 65.

[96] Hua B, Zhang W Y, Wu J, et al. A promising $NiCo_2O_4$ protective coating for metallic interconnects of solid oxidefuel cells[J]. Journal of Power Sources, 2010, 195: 7375 - 7379.

[97] Dayaghi M, Hamed M A. Fabrication and high - temperature corrosion of sol - gel Mn/Co oxide spinel coating on AISI 430 [J]. Surface & Coatings Technology, 2013, 223: 110 - 114.

[98] Geng S J, Wang Q, Zhu S L, et al. Sputtered Ni coating on ferritic stainless steel for solid oxide fuel cell interconnect application[J]. International Journal of Hydrogen Energy, 2012, 37: 916 - 920.

[99] Zhang W Y, Pu J, et al. $NiMn_2O_4$ spinel as an alternative coating material for metallic interconnects of intermediate tempera-

ture solid oxide fuel cells[J]. Journal of Power Sources, 2011, 196: 5591 – 5594.

[100] Garcia-Vargas M J, Zahid M, Tietz F, et al. Use of SOFC metallic interconnect coated with spinel protective layers using the APS technology [J]. ECS Transactions, 2007, 7(1): 2399 – 2405.

[101] Zhang Y, Guo P Y, Shao Y, et al. Preparation and high – temperature performance of Co-10Mn and Co-40Mn alloy coatings for solid oxide fuel cell metal interconnects[J]. Journal of Alloys and Compounds, 2016, 680: 685 – 693.

[102] 陈长军, 王茂才, 王东生, 等. AZ31 镁合金高能微弧火花 Al-Y 合金化层腐蚀性能研究[J]. 材料热处理学报, 2007, 28(3): 106 – 110.

[103] 谢建舟. 基于高能微弧火花技术的钛合金本体修复涂层制备研究[D]. 浙江工业大学硕士学位论文, 2017: 1 – 72.

[104] 郭平义, 邵勇, 曾潮流. 高能微弧合金化制备 $Ni_3Al(Cr)$ 涂层的显微组织及高温氧化性能[J]. 腐蚀科学与防护技术, 2010, 22(6): 484 – 489.

[105] 陈长军, 张敏, 张诗昌, 等. ZM5 镁合金表面高能微弧火花沉积 S331 铝合金研究[J]. 特种铸造及有色合金, 2009, 29(9): 795 – 797.

[106] 陈明联. 不锈钢表面 Co 基合金改性层的制备及空蚀性能研究[D]. 沈阳工业大学硕士学位论文, 2014: 1 – 42.

[107] 辛丽, 王文译. 金属高温氧化导论[M]. 北京:高等教育出版社, 2010: 20 – 23.

[108] 李铁藩. 金属高温氧化和热腐蚀[M]. 北京:化学工业出版社, 2003: 45 – 49.

[109] 周玉. 材料分析方法(第 2 版)[M]. 北京:机械工业出版社, 2004: 86 – 93.

[110] Wulff H. Röntgenographische charakterisierung von plasmagestützt

abgeschiedenen ITO – schichten [R]. Mühlleithen, 18 – 20 März 2003.

[111] L C Ajitdoss, F Smeacetto, M Bindi, et al. $Mn_{1.5}Co_{1.5}O_4$ protective coating on Crofer22APU produced by thermal co – evaporation for SOFCs[J]. Materials Letters, 2013, 95: 82 –85.

[112] Uehar T, Yasuda N, Okamoto M, et al. Effect of Mn-Co spinel coating for Fe – Cr ferritic alloys ZMG232L and 232J3 for solid oxide fuel cell interconnects on oxidation behavior and Cr-evaporation[J]. Journal of Power Sources, 2011, 196: 7251 –7256.

[113] Gavrilov N V, Ivanov V V, Kamenetskikh A S, et al. Investigations of Mn-Co-O and Mn-Co-Y-O coatings deposited by the magnetron sputtering on ferritic stainless steels[J]. Surface and Coatings Technology, 2011, 206: 1252 – 1258.

[114] Magrasó A, Windisch H F, Froitzheim J, et al. Reduced long term electrical resistance in Ce/Co coated ferritic stainless steel for solid oxide fuel cell metallic interconnects[J]. International Journal of Hydrogen Energy, 2015, 40: 8579 –8585.

[115] Zhu J H, Lewis M J, Du S W, et al. CeO_2-doped (Co, $Mn)_3O_4$ coatings for protecting solid oxide fuel cell interconnect alloys[J]. Thin Solid Films, 2015, 596: 179 – 184.

[116] Guo P Y, Shao Y, Zeng C L, et al. Oxidation characterization of FeAl coated 316 stainless steel interconnects by high-energy micro-arc alloying technique for SOFC[J]. Materials Letters, 2011, 65: 3180 –3183.

[117] Ren Y J, Zeng C L. Corrosion protection of 304 stainless steel bipolar plates using TiC films produced by high-energy micro-arc alloying process[J]. Journal of Power Sources, 2007, 171: 778 –782.

[118] Wang W F, Wang M C, Sun F J, et al. Microstructure and cavitation erosion characteristics of Al-Ni alloy coating prepared

by electrospark deposition[J]. Surface and Coatings Technolo-
gy, 2008, 202: 5116 – 5121.

[119] Heard D W, Brochu M. Development of a nanostructure micro-
structure in the Al-Ni system using the electrospark deposition
process[J]. Journal of Materials Processing Technology, 2010,
210: 892 – 898.

[120] Gesmundo B, Chou Y, Wei J. Development of advance metal-
lic alloy for solid oxide fuel cell interconnector application[J].
Journal of Alloys and Compounds, 2016, 656: 903 – 911.

[121] Wua J W, Liu X. Studies on elements diffusion of Mn/Co coa-
ted ferritic stainless steel for solid oxide fuel cell interconnects
application[J]. Journal of Alloys and Compounds, 2013, 38:
5075 – 5083.

[122] Lai Y B, Guo P Y. The Role of Dy doping on oxidation behavior
of Co-40Mn/Co coating for solid oxide fuel cell metal intercon-
nects[J]. Journal of Alloys and Compounds, 2016, 694: 383
– 393.

[123] Petric A, Ling H. Electrical Conductivity and Thermal Expan-
sion of Spinels at Elevated Temperatures[J]. Journal of the A-
merican Ceramic Society, 2007, 90: 1515 – 1520.

[124] Lai Y B, Guo P Y, Shao Y, et al. Formation and performances
of spinel reaction layers on Co-40Mn coatings under an oxygen
pressure of 105 Pa for solid oxide fuel cell interconnect applica-
tion[J]. Vacuum, 2016, 130: 14 – 24.

[125] Zhang W Y, Yan D, Yang J, et al. A novel low Cr-containing
Fe-Cr-Co alloy for metallic interconnects in planar intermediate
temperature solid oxide fuel cells [J]. Journal of Power
Sources, 2014, 271: 25 – 31.

[126] Hoyt K O, Gannon P E. Oxidation behavior of $(Co, Mn)_3O_4$
coatings on preoxidized stainless steel for solid oxide fuel cell

interconnects[J]. Hydrogen Energ. 2012, 37,518 -529.

[127] Young D J. High Temperature Oxidation and Corrosion of Metals [M], 2008, Chapter 2-Chemical Equilibria Between Solids and Gases, 29 -42.

[128] Yang Z G, Xia G G, Maupin G D, et al. Conductive protection layers on oxidation resistant alloys for SOFC interconnect applications[J]. Surf Coat Tech, 2006, 201: 4476 -4483.

[129] Wang S R, Wen Z Y. Cu doped $MnCo_2O_4$ spinel protective coating on ferritic stainless steels for SOFC interconnect applications[J]. Solid State Ionics, 2011, 184: 566 -579.

[130] Park B K, Lee J W, Lee S B, et al. Cu-and Ni-doped $Mn_{1.5}$ $Co_{1.5}O_4$ spinel coatings on metallic interconnects for solid oxide fuel cells[J]. Hydrogen Energy, 2013, 38: 12043 -12050.

[131] Xiao J, Zhang W, Xiong C, et al. Oxidation of $MnCu_{0.5}Co_{1.5}O_4$ spinel coated SUS 430 alloy interconnect in anode and cathode atmospheres for intermediate temperature solid oxide fuel cell [J]. Hydrogen Energy, 2015, 40: 1868 -1876.

[132] Yang Z G, Xia G G, Nie Z M, et al. Ce-Modified (Mn, $Co)_3O_4$ spinel coatings on ferritic stainless steels for SOFC interconnect applications[J]. Electrochem Solid-State Lett 2008, 11 (8): B140 -3.

[133] Xiao J, Zhang W, Xiong C, et al. Oxidation behavior of Cu-doped $MnCo_2O_4$ spinel coating on ferritic stainless steels for solid oxide fuel cell interconnects[J]. Hydrogen Energ. 2016, 41, 9611 -9618.

[134] Sun H Y, Sen W. Fabrication of LSGM thin films on porous anode supports by slurry spin coating for IT-SOFC[J]. Rare Metals, 2015, 34: 797 -801.

[135] Bateni M R, Wei P, Deng X H, et al. Spinel coatings for UNS 430 stainless steel interconnects[J]. Surf. Coat. Tech. 2007,

201, 4677 – 4684.

[136] Zhang H, Zhan Z, Liu X, et al. Electrophoretic deposition of (Mn, Co)$_3$O$_4$ spinel coating for solid oxide fuel cell interconnects[J]. Power Sources, 2011, 196: 8041 – 8047.

[137] Wei P, Deng X, Bateni M R, et al. Oxidation and electrical conductivity behavior of spinel coatings for metallic interconnects of solid oxide fuel cells[J]. Corrosion, 2007, 63: 529 – 536.

[138] Sun Z H, Gopalan S, Pal U B, et al. Cu$_{1.3}$Mn$_{1.7}$O$_4$ spinel coatings deposited by electrophoretic deposition on Crofer 22 APU substrates for solid oxide fuel cell applications[J]. Surf. Coat. Tech, 2017, 323: 49 – 57.

[139] Gannon P, Deibert M, White P, et al. Gorokhovsky Advanced PVD protective coatings for SOFC interconnects[J]. Hydrog. Energy, 2008, 33: 3991 – 4000.

[140] Chu C L, Wang J Y, Lee S. Effects of La$_{0.67}$Sr$_{0.33}$MnO$_3$ protective coating on SOFC interconnect by plasma-sputtering[J]. Hydrog. Energy, 2008, 33: 2536 – 2546.

[141] Lee S I, Hong J, Kim H, et al. Highly dense Mn-Co spinel coating for protection of metallic interconnect of solid oxide fuel cells[J]. Electrochem. Soc, 2014, 161: 1389 – 1394.

[142] Tian Z Y, Bahlawane N, Vannier V, et al. Structure sensitivity of propene oxidation over Co-Mn spinels [J]. P. Combust. Inst, 2013, 34: 2261 – 2268.

[143] Yokoyama T, Hirose A, Meguro T, et al. Preparation and electrical properties of sintered bodies composed of Cr$_X$Mn$_{1.5}$Co$_{(1.0-X)}$Ni$_{0.5}$O$_4$ ($0 \leqslant X \leqslant 0.42$) with a cubic spinel structure [J]. Corrosion Science, 2016, 37:1 – 7.

[144] Martínez V M, García M J, Touati K, et al. Assessment of spinel-type mixed valence Cu/Co and Ni/Co-based oxides for pow-

er production in single-chamber microbial fuel cells[J]. Energy, 2016, 113: 1241 – 1249.

[145] Joshi S, Petric A. Nickel substituted $CuMn_2O_4$ spinel coatings for solid oxide fuel cell interconnects[J]. International Journal of Hydrogen Energy, 2016, 33: 1 – 6.

[146] Zhen S Y, Sun W, Li P Q, et al. High performance cobalt-free $Cu_{1.4}Mn_{1.6}O_4$ spinel oxide as an intermediate temperature solid oxide fuel cell cathode[J]. Journal of Power Sources, 2016, 315: 140 – 144.

[147] Mhin S, Han H, Kim K M, et al. Synthesis of (Ni, Mn, Co)O_4 nano-powder with single cubic spinel phase via combustion method[J]. Ceramics International, 2016, 42: 13654 – 13658.

[148] Bednarz M, Molin S, Bobruk M, et al. High-temperature oxidation of the Crofer22H ferritic steel with $Mn_{145}Co_{145}Fe_{01}O_4$ and $Mn_{15}Co_{15}O_4$ spinel coatings under thermal cycling conditions and its properties[J]. Materials Chemistry and Physics, 2019, 225:227 – 238.

[149] Ranjbar-Nouri Z, Soltanieh M, Rastegar S. Applying the protective $CuMn_2O_4$ spinel coating on AISI-430 ferritic stainless steel used as solid oxide fuel cell interconnects[J]. Surface and Coatings Technology, 2018,334:365 – 372.

[150] Guo Pingyi, Lai Yongbiao, Shao Yong, et al. Thermal growth $Cu_{12}Mn_{18}O_4$ spinel coatings on metal interconnects for solid oxide fuel cell applications[J]. Metals, 2017,7(12):522 – 532.

[151] Zhu Huimin, Geng Shujiang, Chen Gang, et al. Electrophoretic deposition of trimanganese tetraoxide coatings on Ni-coated SUS 430 steel interconnect[J]. Journal of Alloys and Compounds, 2019, 782:100 – 109.

[152] Jalilvand G, Faghihi-Sani M A. Fe doped Ni-Co spinel protective coating on ferritic stainless steel for SOFC interconnect ap-

plication[J]. International Journal of Hydrogen Energy, 2013, 38(27):12007 – 12014.

[153] Bateni M R, Wei Ping, Deng Xiaohua, et al. Spinel coatings for UNS 430 stainless steel interconnects[J]. Surface and Coatings Technology, 2007,201(8):4677 – 4684.

[154] Apelt S, Zhang Y, Zhu J H, et al. Electrodeposition of Co-Mn$_3$O$_4$ composite coatings[J]. Surface and Coatings Technology, 2015, 280:208 – 215.

[155] Wei Weifeng, Chen Weixing, Ivey D G. Oxidation resistance and electrical properties of anodically electrodeposited Mn-Co oxide coatings for solid oxide fuel cell interconnect applications [J]. Journal of Power Sources, 2009,186(2):428 – 434.

[156] Zhang Huihu, Zeng Chaoliu. Preparation and performances of Co-Mn spinel coating on a ferritic stainless steel interconnect material for solid oxide fuel cell application[J]. Journal of Power Sources, 2014, 252:122 – 129.

[157] Wu Junwei, Johnson C D, Germmen R S, et al. The performance of solid oxide fuel cells with Mn-Co electroplated interconnect as cathode current collector[J]. Journal of Power Sources, 2009,189(2):1106 – 1113.

[158] Karpuz A, Kockar H, Alper M. Properties of electrodeposited Co-Mn films: Influence of deposition parameters[J]. Applied Surface Science, 2015, 358:605 – 611.

[159] Joshi S, Petric A. Nickel substituted CuMn$_2$O$_4$ spinel coatings for solid oxide fuel cell interconnects[J]. International Journal of Hydrogen Energy, 2017, 42:5584 – 5589.

[160] Wu Junwei, Jiang Yinglu, Johnson C, et al. DC electrodeposition of Mn-Co alloys on stainless steels for SOFC interconnect application[J]. Journal of Power Sources, 2008, 177 (2): 376 – 385.

[161] Cheng Fupeng, Cui Jinlong, Wang Lixia, et al. Performance of Co-Ni-O spinel oxide coating on AISI 430 stainless steel as interconnect for intermediate temperature solid oxide fuel cell [J]. International Journal of Hydrogen Energy, 2017,42(17): 12477 – 12484.

[162] Guo Pingyi, Lai Yongbiao, Shao Yong, et al. Oxidation Characteristics and Electrical properties of doped Mn-Co spinel reaction layer for solid oxide fuel cell metal interconnects[J]. Coatings, 2018,8(1):42 – 53.

[163] Wei Ping, Hileman O E, Bateni M R, et al. Manganese deposition without additives [J]. Surface and Coatings Technology, 2007,201(18):7739 – 7745.

[164] Haerifar M, Zandrahimi M. Effect of current density and electrolyte pH on microstructure of Mn-Cu electroplated coatings [J]. Applied Surface Science, 2013,284:126 – 132.

[165] Zhou Wei, Xu X F, Ouyang Chen, et al. Annealing effect on the structural, electrical and 1/f noise properties of Mn-Co-Ni-O thin films[J]. Journal of Materials Science: Materials in Electronics, 2014,25 (4):1959 – 1964.

[166] Yokoyama T, Meguro T, Kato K, et al. Preparation and electrical properties of sintered oxide composed of $MnFeNiO_4$ with a cubic spinel structure[J]. Journal of Electroceramics, 2013,31: 353 – 359.

[167] Pint B A. On the formation of interfacial and internal voids in alpha-Al_2O_3 scales[J]. Oxidation of Metals, 1997,48:303 – 328.

[168] Fergus J W. Synergism in the design of interconnect alloy-coating combinations solid for oxide fuel cells[J]. Scripta Materialia, 2011,65(2):73 – 77.

[169] Talic B, Molin S, Wiik K, et al Comparison of iron and copper doped manganese cobalt spinel oxides as protective coatings for

solid oxide fuel cell interconnects[J]. Journal of Power Sources 2017,372:145 – 156.

[170] Molin S,Jasinski P,Mikkelsen L, et al. Low temperature processed $MnCo_2O_4$ and $MnCo_{18}Fe_{02}O_4$ as effective protective coatings for solid oxide fuel cell interconnects at 750℃[J]. Journal of Power Sources,2016, 336:408 – 418.

[171] You Pengfei, Zhang Xue,Zhan Hailiang, et al. Effect of CeO_2 on oxidation and electrical behaviors of ferritic stainless steel interconnects with Ni-Fe coatings[J]. International Journal of Hydrogen Energy,2018,43(15):7492 – 7500.

[172] Geng Shuijiang,Zhao Qingqing,Li Yaohua, et al. Sputtered MnCu metallic coating on ferritic stainless steel for solid oxide fuel cell interconnects application[J]. International Journal of Hydrogen Energy, 2017,42:10298 – 10307.

[173] Korneev P V K,Sheveyko A N,Shvindina N V, et al. Comparative study of Ti-C-Ni-Al, Ti-C-Ni-Fe, and Ti-C-Ni-Al/Ti-C-Ni-Fe coatings produced by magnetron sputtering, electro-spark deposition, and a combined two-step process[J]. Ceramics International,2018,44:7637 – 7646.

[174] Guo P Y, Zeng C L, Wang N, et al. FeAl-based coatings deposited by high-energy micro-arc alloying process for wet-seal areas of molten carbonate fuel cell[J]. Journal of Power Sources,2012, 217:485 – 490.

[175] Wei Xiang,Chen Zhiguo, Zhong Jue, et al. Facile preparation of nanocrystalline Fe_2B coating by direct electrospark deposition of coarse-grained Fe_2B electrode material[J]. Journal of Alloys and Compounds,2017,717:31 – 40.

[176] Feng Z J,Zeng C L. Oxidation behavior and electrical property of ferritic stainless steel interconnects with a Cr-La alloying layer by high-energy micro-arc alloying process[J]. Journal of

Power Sources,2010,195:7370 – 7374.

[177] Fu Qingxi,Tietz F, Sebold D, et al. Magnetron-sputtered cobalt-based protective coatings on ferritic steels for solid oxide fuel cell interconnect applications[J]. Corrosion Science,2012, 54: 68 – 76.

[178] Varghese J M,Seema A,Dayas K R. Ni-Mn-Fe-Cr-O negative temperature coefficient thermistor compositions: Correlation between processing conditions and electrical characteristics[J]. Journal of Electroceramics, 2009, 22:436 – 441.

[179] Wang Qian, Kong Wenwen, Yao Jincheng, et al. Fabrication and electrical properties of the fast response $Mn_{12}Co_{15}Ni_{03}O_4$ miniature NTC chip thermistors [J]. Ceramics International, 2019,45:378 – 383.

[180] Deepak P P, Parokkaran M,Ranjith K R, et al. Optimization studies on nanocrystalline NTC thermistor compositions by a self-propagated high temperature synthesis route[J]. Ceramics International,2018,44:4360 – 4366.

[181] Yokoyama T, Yamazaki A,Meguro T, et al. Preparation and electrical properties of sintered bodies composed of $Mn_{(225-X)}Fe_X Ni_{075}O_4$ ($0 \leqslant X \leqslant 225$) with cubic spinel structure[J]. Journal of Electroceramics,2016,37:151 – 157.

[182] Sun Zhihao,Wang Ruofan,Nikiforov A Y, et al. $CuMn_{18}O_4$ protective coatings on metallic interconnects for prevention of Cr-poisoning in solid oxide fuel cells [J]. Journal of Power Sources,2018,378:125 – 133.

[183] Castañeda S I,Pérez F J. Al-Mn CVD-FBR coating on P92 steel as protection against steam oxidation at 650℃: TGA-MS study [J]. Journal of Nuclear Materials,2018,499:419 – 430.

[184] Shao Y,Guo P Y,Sun H, et al. Structure and properties of composite Ni-Co-Mn coatings on metal interconnects by electro-

deposition [J]. Journal of Alloys and Compounds, 2019, 811:152006.

[185] Hu Yingzhen, Yao Shuwei, Li Chengxin, et al. Influence of pre-reduction on microstructure homogeneity and electrical properties of APS $Mn_{15}Co_{15}O_4$ coatings for SOFC interconnects[J]. International Journal of Hydrogen Energy, 2017, 42:27241 – 27253.

[186] Puranen J, Pihlatie M, Lagerbom J, et al. Post-mortem evaluation of oxidized atmospheric plasma sprayed Mn-Co-Fe oxide spinel coatings on SOFC interconnectors[J]. International Journal of Hydrogen Energy, 2014, 39:17284 – 17294.

[187] Wang Xu, Szpunar J A. Effects of grain sizes on the oxidation behavior of Ni-based alloy 230 and N[J]. Journal of Alloys and Compounds, 2018, 752:40 – 52.

[188] Peng Wei, Wang Jingjing, Zhang Huawei, et al. Insights into the role of grain refinement on high-temperature initial oxidation phase transformation and oxides evolution in high aluminium Fe-Mn-Al-C duplex lightweight steel[J]. Corrosion Science, 2017, 126:197 – 207.

[189] Peng X, Yan J, Zhou Y, et al. Effect of grain refinement on the resistance of 304 stainless steel to breakaway oxidation in wet air[J]. Acta Materialia, 2005, 53:5079 – 5088.

[190] Li Jun, Xiong Chunyan, Li Jin, et al. Investigation of $MnCu_{05}Co_{15}O_4$ spinel coated SUS430 interconnect alloy for preventing chromium vaporization in intermediate temperature solid oxide fuel cell[J]. International Journal of Hydrogen Energy, 2017, 42:16752 – 16759.

[191] Wang Yuxin, Cao Di, Gao Weidong, et al. Microstructure and properties of sol-enhanced Co-P-TiO_2 nano-composite coatings [J]. Journal of Alloys and Compounds, 2019, 792:617 – 625.

[192] Zhao Qingqing, Geng Shuijiang, Chen Gang, et al. Application

of sputtered NiFe$_2$ alloy coating for SOFC interconnect steel [J]. Journal of Alloys and Compounds,2018,769:120 – 129.

[193] Park K, Han I H. Effect of Cr$_2$O$_3$ addition on the microstructure and electrical properties of Mn-Ni-Co oxides NTC thermistors [J]. Journal of Electroceramics,2006,17:1069 – 1073.

[194] Farid H M T, Ahmad I, Ali I, et al. Study of spinel ferrites with addition of small amount of metallic elements[J]. Journal of Electroceramics, 2019,42: 57 – 66.